JN016115

日本音響学会 編

音響テクノロジーシリーズ**27**

物理と心理から見る
音楽の音響

博士（工学） **大田健紘** 編著

博士（工学） **若槻尚斗**　　　　　　**加藤充美**
博士（芸術工学） **西村 明**　博士（工学） **安井希子**
博士（工学） **江村伯夫**　博士（工学） **三浦雅展**
博士（芸術工学） **亀川 徹**

共 著

コロナ社

発刊にあたって

　音響テクノロジーシリーズは 1996 年に発刊され，以来 20 年余りの期間に 19 巻が上梓された。このような長期にわたる刊行実績は，本シリーズが音響学の普及に一定の貢献をし，また読者から評価されてきたことを物語っているといえよう。

　この度，第 5 期の編集委員会が立ち上がった。7 名の委員とともに，読者に有益な書籍を刊行し続けていく所存である。ここで，本シリーズの特徴，果たすべき役割，そして将来像について改めて考えてみたい。

　音響テクノロジーシリーズの特徴は，なんといってもテーマ設定が問題解決型であることであろう。東倉洋一初代編集委員長は本シリーズを「複数の分野に横断的に関わるメソッド的なシリーズ」と位置付けた。従来の書籍は学問分野や領域そのものをテーマとすることが多かったが，本シリーズでは問題を解決するために必要な知見が音響学の分野，領域をまたいで記述され，さらに多面的な考察が加えられている。これはほかの書籍とは一線を画するところであり，歴代の著者，編集委員長および編集委員の慧眼の賜物である。

　本シリーズで取り上げられてきたテーマは時代の最先端技術が多いが，第 4 巻「音の評価のための心理学的測定法」のように汎用性の広い基盤技術に焦点を当てたものもある。本シリーズの役割を鑑みると，最先端技術の体系的な知見が得られるテーマとともに，音の研究や技術開発の基盤となる実験手法，測定手法，シミュレーション手法，評価手法などに関する実践的な技術が修得できるテーマも重要である。

　加えて，古典的技術の伝承やアーカイブ化も本シリーズの役割の一つとなろう。例えば，アナログ信号を取り扱う技術は，技術者の高齢化により途絶の危

機にある。ディジタル信号処理技術がいかに進んでも，ヒトが知覚したり発したりする音波はアナログ信号であり，アナログ技術なくして音響システムは成り立たない。原理はもちろんのこと，ノウハウも含めて，広い意味での技術を体系的にまとめて次代へ継承する必要があるだろう。

コンピュータやネットワークの急速な発展により，研究開発のスピードが上がり，最新技術情報のサーキュレーションも格段に速くなった。このような状況において，スピードに劣る書籍に求められる役割はなんだろうか。それは上質な体系化だと考える。論文などで発表された知見を時間と分野を超えて体系化し，問題解決に繋がる「メソッド」として読者に届けることが本シリーズの存在意義であるということを再認識して編集に取り組みたい。

最後に本シリーズの将来像について少し触れたい。そもそも目に見えない音について書籍で伝えることには多大な困難が伴う。歴代の著者と編集委員会の苦労は計り知れない。昨今，書籍の電子化についての話題は尽きないが，本文の電子化はさておき，サンプル音，説明用動画，プログラム，あるいはデータベースなどに書籍の購入者がネット経由でアクセスできるような仕組みがあれば，読者の理解は飛躍的に向上するのではないだろうか。今後，検討すべき課題の一つである。

本シリーズが，音響学を志す学生，音響の実務についている技術者，研究者，さらには音響の教育に携わっている教員など，関連の方々にとって有益なものとなれば幸いである。本シリーズの発刊にあたり，企画と執筆に多大なご努力をいただいた編集委員，著者の方々，ならびに出版に際して種々のご尽力をいただいたコロナ社の諸氏に厚く感謝する。

2018 年 1 月

音響テクノロジーシリーズ編集委員会

編集委員長　飯田　一博

ま　え　が　き

　音楽を研究対象として考えた場合，音響学だけですべてを説明することは難しいだろう。例えば，楽器の演奏を考えると，楽器から生み出される演奏音は，個々の楽器がもつ振動体の物理的原理に従っているため，振動に関する物理学が関係する。演奏には人間が関与するため，同じ楽器であっても演奏音は演奏者の影響を受ける。そのため，巧みな演奏者の身体制御のメカニズムを明らかにすることや，動作と演奏音の関係を調べることも必要であろう。楽器から生み出された演奏音は，ホールなどの空間を通過して，その特性に応じて響きが付与され，聴取者の耳に届く。そして，演奏音として知覚され心理的な印象が生じる。つまり，室内音響学や聴覚生理学，心理学も関係する。さらに，演奏音から受ける印象は演奏する音の配列に影響も受けるため，音楽理論に関する音楽学も関係する。近年では音楽はコンピュータ上で作曲・加工・検索されるため，ディジタル信号処理・情報工学も関連している。

　本書は，以上のような多岐にわたる学問分野について基礎理論とその応用例を横断的に解説することで，読者が自分の専門分野以外の分野について概観できることを期待し，執筆している。さらには，関係する分野の研究者がそれぞれの知見を融合させることで，相乗効果が生まれることも期待している。

　まず，第1章では，楽器のもつ物理的側面について解説する。弦，棒，気柱，膜，そして板の振動といった楽器の発音に関わる物理現象について数式を用いて記述し，数値計算手法によりシミュレーションを行った例を紹介する。さらには，振動現象をさまざまなセンサにより計測した研究事例も紹介する。

　第2章では，楽器から発生する音の物理的側面について解説する。演奏音の周波数分析法を説明し，音を特徴づける物理量である音圧レベルや基本周波数の計測について説明する。さらには，演奏音からヴィブラートを測定する事例

について紹介する。

　第3章では，演奏音から受ける心理的側面の解明に必要な事項を解説する。まず，音の代表的な物理量と心理量との対応関係について説明する。そして，音楽や演奏音の物理量と心理量との対応関係を調べた研究として，演奏音とその熟達度に関する研究を紹介する。

　第4章では，音楽の構造的側面の理解に必要な事項を解説する。まず，第4章の内容を理解するために必要な和声理論の基礎について説明する。そして，音響学をはじめ音楽知覚認知や脳科学にいたる幅広い分野の研究を紹介する。

　第5章では，演奏者の技術的側面の解明に必要な事項，および音楽音響情報学について述べる。まず，演奏者の超絶技巧とも呼べる卓越した技術を研究する手法について説明する。そして，音響学と情報学を軸として広く音楽を調査研究する手法を説明し，応用システムについて紹介する。

　第6章では，これまで音響学をはじめとする科学技術が音楽に果たした役割について，録音技術やホール音響，空間音響再生技術などを中心に概観し，今後の音楽音響学の課題について考察する。

　近年，深層学習をはじめとする人工知能を用いた研究は，急速に進展しており，音楽音響分野においても，楽曲検索や自動作曲を対象として盛んに行われている。このように，音楽の音響に関係する学問分野は広がっており，音楽の理解に向けてさまざまな分野の知見を融合する試みの重要性は，ますます高まっていくであろう。

　最後に，本書が完成に至るまで粘り強くご対応いただいた関係諸氏に厚く御礼申し上げます。

2023年11月

大田　健紘

執 筆 分 担

若槻尚斗	1章	大田健紘	2章
加藤充美	2章	西村　明	3章
安井希子	3章	江村伯夫	4.1節，4.2節
三浦雅展	4.3節，4.4節，5章	亀川　徹	6章

目　　　　次

1. 楽器の物理

2. 演奏音の物理

3. 演奏に関わる心理

4. 音楽理論の仕組み

5. 演奏科学と音楽音響情報学

6. 音楽音響学から芸術へ

楽 器 の 物 理

本章では楽器のもつ物理的側面を理解するための基礎的事項について解説する。まず，楽器の振動体に着目する楽器の分類法を紹介し，その分類に沿って楽器の発音機構について説明する。それらの説明は，初学者でもなるべく直感的に理解できるよう平易な説明を試みるとともに，より深く理解することを目的に，楽器の振る舞いを記述するための物理モデルについても説明する。それらのモデルは計算機を用いて楽器の振る舞いを数値シミュレーションする手法の基礎となるものである。数値シミュレーションは，発音機構を理解するための物理モデルの検証や，楽器の音を合成する電子楽器であるシンセサイザなどに応用することができる。最後に，楽器の測定法について解説する。楽器は身近なものであり，ともすれば単純なものと思われがちかもしれない。しかし，その発音機構には多くの現象が関わっている。それらを理解することには，音楽や工学における実用的な意味だけでなく，純粋に科学という観点からも興味深いと感じる読者も多いのではないだろうか。

1.1 楽器の発音機構

本節では，発音源となる振動体に着目したホルンボステルとザックスによる楽器の分類法を概説するとともに，発音体（共鳴器）の形態ごとに，それぞれの振動の仕組みの物理的な解釈や特性などついて説明する。

1.1.1　楽 器 の 分 類

　楽器に限らず一般に音を発する物体は，空気に触れている何らかの振動体が空気を振動させることにより発音するものである。この振動体の形状に着目して楽器を分類することは，楽器の発音機構を考察するうえでは有用であろう。また，楽器はその発音体の振動の起こし方によっても分類できる。ホルンボステルとザックス[1]†は，振動体の種類によって大分類を行っている。**ザックス＝ホルンボステル分類**の大分類とその一階層下位の分類までを**表 1.1**に示す。

表 1.1　ザックス＝ホルンボステル分類

大分類 （下位の分類方法）	下位の分類	説明
体鳴楽器 （演奏方法）	打奏〜	打つ，叩く，打ち合わせる，振る
	摘奏〜	はじく
	擦奏〜	擦る，擦り合わせる
	吹奏〜	吹く
膜鳴楽器 （演奏方法）	打奏〜	打つ，叩く，振る（間接打奏）
	摘奏〜	はじく
	擦奏〜	擦る
	歌奏〜	声に共鳴させる
弦鳴楽器 （楽器の形態）	単純〜	張弦機構と共鳴器が構造的に別体
	複合〜	調弦機構そのものが共鳴器を兼ねる
気鳴楽器 （発音機構）	自由〜	ムチなど（共鳴を用いない）
	吹奏楽器	いわゆる「管楽器」

　この大分類は，楽器の発音機構を説明するうえで都合が良いものの，下位の分類については，その分類方法は必ずしも統一されておらず，発音機構を説明するという観点から必ずしも好都合とはいえない。例えば，体鳴楽器と膜鳴楽器については演奏方法，すなわち振動を励起する方法（叩く，はじくなど）による分類が用いられている。しかし，弦鳴楽器では共鳴器が弦を張るための機構と一体であるかどうか，すなわち楽器の形態に着目した分類が採用されており，振動を励起する方法（はじく，こするなど）は下位の分類でも特に意識さ

---

　†　肩付き数字は章末の引用・参考文献の番号を表す。

れていない。よって，本章ではザックス＝ホルンボステル分類における大分類のみを参照することとする。

体鳴楽器，膜鳴楽器，弦鳴楽器，気鳴楽器は，力学的にはおおむね下記のような物理現象との対応関係になる。

(1)　体鳴楽器　　棒の振動（1.1.5 項），板の振動（1.1.8 項）

(2)　膜鳴楽器　　膜の振動（1.1.7 項），空洞における空気の振動

(3)　弦鳴楽器　　弦の振動（1.1.4 項）：自由振動（撥弦・打弦），または自励振動（擦弦）

(4)　気鳴楽器　　気柱の振動（1.1.6 項）：自励振動（弁機構（シングルリード，ダブルリード，リップリード），あるいは乱流（エアリード）による）

このような観点より，楽器の実例と発音機構から見た楽器の分類を**図 1.1** に示す。**体鳴楽器，膜鳴楽器**は，打奏（叩いて演奏）などにより自由振動させるも

（棒の振動）　　　マリンバ　　トライアングル　　（片面膜）　団扇太鼓　ティンパニ　コンガ

（板の振動）　　　シンバル　　カリヨン（鐘）　　（両面膜）　　バス・ドラム　鼓（つづみ）

（ a ）　体鳴楽器　　　　　　　　　　　　　　（ b ）　膜鳴楽器

ハープ　　　ピアノ　　ヴァイオリン　　クラリネット　　フルート
（撥弦）　　（打弦）　　（擦弦）　　（シングルリード）　（エアリード）

トランペット　　ハーモニカ
（リップリード）　（フリーリード）

（ c ）　弦鳴楽器　　　　　　　　　　　　　（ d ）　気鳴楽器

図 1.1　楽器の実例と発音機構から見た分類

のが多い。ただし，例外的に摩擦などによる自励振動を用いて演奏するものも存在する。

　弦鳴楽器は，撥弦・打弦による自由振動，擦弦による自励振動のどちらも多く存在する。**気鳴楽器**は，ほとんどが吹奏による自励振動を用いており，自励振動を起こすためにリードと呼ばれる薄い板を弁機構として用いるシングルリード楽器，ダブルリード楽器，口唇を弁機構として用いるリップリード楽器，弁機構を用いずに空気の乱流が自励振動の源となるエアリード楽器などがある。

1.1.2　1自由度の質点の振動

　「振動」という現象の理解のため，最も単純な振動系である1自由度の質点の振動から説明する。いわゆる「質点」の振動そのものは実際の楽器ではあり得ないが，あらゆる振動を理解するための基本となるものである。ここで，物体に外力を加え運動を始めたあと，力を加えなくても繰り返し周期的な往復運動，すなわち振動がしばらく続くような状況を思い起こそう。例えば，ティーカップをスプーンで叩いて「チーン」と高く澄んだ音を鳴らしたときを思い浮かべてほしい。このように，初期条件として力を加えるものの，その力を取り除いても続く振動は**自由振動**と呼ばれる。ここでは物体が自由振動するための条件と，そのときの振動のしかたを考える。

〔1〕　**損失のない単振動系の自由振動**

　物体の運動を考えるとき，最も単純な系は**図1.2**（a）のように，空中に質点mだけがある場合であろう。慣性の法則として知られているように，初期条件として初速度v_0をもっていれば，外力が働かない限り等速直線運動を続ける。すなわち，はじめに静止していればそのまま静止し続けるが，ある瞬間に力積mv_0が与えられればそれ以降は速度v_0で運動を始める。しかし，このように単に一方向に動き続ける現象は，振動とは呼べない。

　次に，図1.2（b）のように一端が壁に固定されたばねの他端に質点が取りつけられている場合を考える。初期条件として質点が速度をもっている，あるい

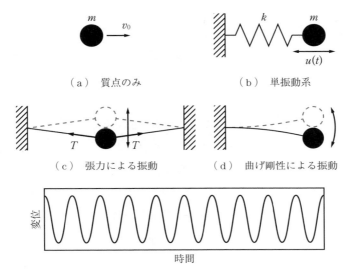

（a）　質点のみ　　　　　　　　（b）　単振動系

（c）　張力による振動　　　　（d）　曲げ剛性による振動

（e）　損失のない単振動の変位

図1.2　質点の運動

はばねに初期変位が与えられ，質点が平衡位置から移動すると，ばねには変形（ひずみ）を元に戻そうとする力，すなわち復元力が生じる。このような性質を弾性と呼ぶ。質点が平衡位置から離れる方向に速度をもっていると，ばねの復元力により質点は減速し，やがて運動の方向は逆転し反対向きに運動を始める。このようにして，質点は一定の周期 T で往復運動，すなわち振動する。ばねのひずみが小さい場合，ひずみと復元力の間に比例関係が成り立ち，そのばねは線形ばねと呼ばれる。一般にばねのひずみが小さいときに変位 u と復元力の関係は線形に近くなり，逆にひずみが大きいと非線形となる傾向がある。この関係が線形であるとき，質点の運動はニュートンの運動方程式を用いて式 (1.1) のように記述することができる。

$$m \frac{d^2u}{dt^2} + ku = 0 \qquad (1.1)$$

ここで，m は質量，k はばね定数，u は質点の変位である。すべての項を質量 m で除することにより

$$\frac{d^2u}{dt^2} + \omega_0{}^2 u = 0 \quad \left(\omega_0 = \sqrt{\frac{k}{m}}\right) \tag{1.2}$$

のように一般化される。ここで ω_0 は**固有周波数**である。なお，以下では角周波数を単に周波数と表記する。式 (1.2) で表される運動方程式の一般解は

$$u(t) = A \cdot \exp(j\omega_0 t) \tag{1.3}$$

で与えられる。ここで，A は振幅，j は虚数単位である。振幅 A は初期条件により決定される。図 (b) は模式的にばねの伸縮と質点の変位の方向を一致させて描いているが，実際の振動系では図 (c) のように張力をもつ弦や膜の1点を法線方向に変形させる場合や，図 (d) のように剛性をもつ棒や板の曲げの場合など，さまざまな形態の振動系が考えられる。いずれも変位と復元力の間に比例関係が成り立つ範囲の小振幅では単振動となり，変位の時間波形は図 (e) のように正弦波となる。

〔2〕 **損失のある振動系の減衰自由振動**

　楽器を含む現実的な力学系では，一般に振動に伴ってある程度のエネルギー損失があり，ダンパを用いて**図1.3** (a) のように表される。このような系が振動するとき，運動エネルギーがダンパによって消費されるため，図1.2 (b) の例のように振動がずっと継続することはなく，ある速さで減衰する。このような系の運動方程式は質点の速度に比例する減衰力（粘性減衰）を仮定すると

$$m\frac{d^2u}{dt^2} + r\frac{du}{dt} + ku = 0 \tag{1.4}$$

のように表される。第2項はダンパによる減衰力である。また，すべての項を質量 m で除することで

$$\frac{d^2u}{dt^2} + 2\zeta\omega_0\frac{du}{dt} + \omega_0{}^2 u = 0 \quad \left(2\zeta\omega_0 = \frac{r}{m}\right) \tag{1.5}$$

のように表され，その一般解を

$$u(t) = A \cdot \exp(\alpha\, t) \tag{1.6}$$

と仮定して，式 (1.5) に代入すると

$$\alpha^2 + 2\zeta\omega_0\,\alpha + \omega_0{}^2 = 0 \tag{1.7}$$

より，α と一般解は式 (1.8)，(1.9) のように決定される。

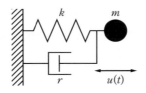

（a）　損失のある振動系

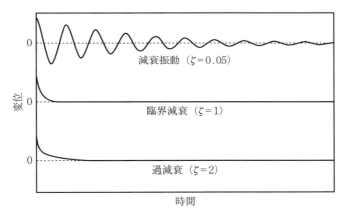

（b）　質点の変位

図 1.3　損失のある振動系の自由振動

$$\begin{cases} \alpha_1 = -\zeta\omega_0 + \omega_0\sqrt{\zeta^2 - 1} \\ \alpha_2 = -\zeta\omega_0 - \omega_0\sqrt{\zeta^2 - 1} \end{cases} \tag{1.8}$$

$$\begin{aligned} u(t) &= A_1 \cdot \exp(\alpha_1 t) + A_2 \cdot \exp(\alpha_2 t) \\ &= \exp(-\zeta\omega_0 t)\left[A_1 \cdot \exp\left(\omega_0\sqrt{\zeta^2 - 1}\,t\right) + A_2 \cdot \exp\left(-\omega_0\sqrt{\zeta^2 - 1}t\right)\right] \end{aligned} \tag{1.9}$$

ここで，式 (1.8) の右辺第 1 項は負の実数であり減衰を表し，第 2 項は ζ の大きさにより実数または純虚数となる。すなわち，$\zeta < 1$ のとき，第 2 項は $j\omega_0\sqrt{1-\zeta^2}$ となることから純虚数であり，振動成分を表す。よって，系の振動は第 1 項で表される減衰を伴いながら第 2 項の周波数 $\omega_0\sqrt{1-\zeta^2}$ で振動する，減衰振動となる。このとき，振動成分の周波数は損失がないときの固有周波数の $\sqrt{1-\zeta^2}$ 倍に低下する。また，$\zeta \geqq 1$ のとき，系は振動することなく減衰する。特に $\zeta = 1$ のときは臨界減衰と呼ばれ最も減衰が速く，$\zeta > 1$ のときは過減衰と呼ばれる。

〔3〕　損失のある振動系の強制振動

　図1.4(a)に示すような，系に連続的に駆動力 $f(t)$ が働く場合を考える。
このとき，周波数 ω の正弦波入力を考えると，運動方程式は

$$\frac{d^2 u}{dt^2} + 2\zeta\omega_0 \frac{du}{dt} + \omega_0^2 u = \frac{f(t)}{m} = \frac{\exp(j\omega t)}{m} \tag{1.10}$$

となり，応答変位を $u(t) = A\exp(j\omega t)$ と仮定すると，その振幅 A は式 (1.11)
のように表される。

$$A = \frac{1}{m} \cdot \frac{1}{(\omega_0^2 - \omega^2) + j2\zeta\omega_0\omega} \tag{1.11}$$

これは，図(b)に示すように，周波数 $\omega = \omega_0\sqrt{1 - 2\zeta^2}$ で最大振幅となる共振
特性を示す。

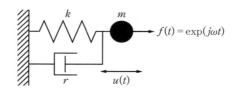

（a）　正弦信号による駆動力を持つ振動系

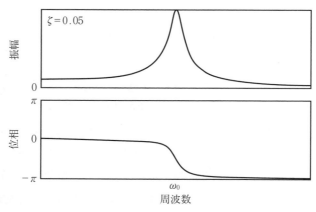

（b）　周波数応答

図1.4　損失のある単振動系における変位の周波数応答

1.1.3 連 成 振 動 系

図 1.5（a）のように，2 個の質点が軽い弦で接続されている場合を考える
と，各質点はそれ自身の変位に依存する復元力だけでなく，隣接する質点の変
位に依存する外力を受けることになる。すなわち，各質点が独立して運動する
のではなく，たがいの振動が結合した**連成振動系**となる。この振動系の運動方
程式は式（1.12）のように書ける。

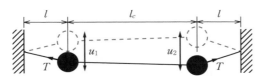

（a）　2 質点の連成振動系

（b）　固有モード形状（$\omega = c^{1/2}$）

（c）　固有モード形状（$\omega = (c + 2c_c)^{1/2}$）

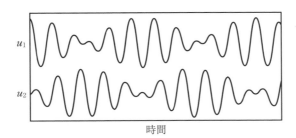

時間

（d）　うなりを伴う振動

図 1.5　質点 2 個の連成振動系

$$m \frac{d^2 u_1}{dt^2} + \frac{\lambda}{l} u_1 + \frac{\lambda}{l_c} (u_1 - u_2) = 0$$

$$m \frac{d^2 u_2}{dt^2} + \frac{\lambda}{l} u_2 + \frac{\lambda}{l_c} (u_2 - u_1) = 0 \tag{1.12}$$

ただし，λ は弦の張力であり，質点の振動に伴って変化することなく一定であると仮定する。また，l，l_c は図に示された部分の長さを表す。式 (1.12) の各式における第 3 項は，隣接する質点の変位に依存する外力を表す。ここで，両辺を m で除して $c = T/(lm)$，$c_c = T/(l_c m)$ とおくと

$$\frac{d^2 u_1}{dt^2} + (c + c_c) u_1 - c_c u_2 = 0$$

$$\frac{d^2 u_2}{dt^2} - c_c u_1 + (c + c_c) u_2 = 0 \tag{1.13}$$

となる。調和振動を仮定して，$u_n = U_n \cdot \exp(j \omega t)$ とおくと，式 (1.13) より

$$-\omega^2 U_1 + (c + c_c) U_1 - c_c U_2 = 0$$

$$-\omega^2 U_2 - c_c U_1 + (c + c_c) U_2 = 0 \tag{1.14}$$

という関係が得られる。これをマトリクスを用いて表現すると

$$\begin{pmatrix} (c + c_c) - \omega^2 & -c_c \\ -c_c & (c + c_c) - \omega^2 \end{pmatrix} \begin{pmatrix} U_1 \\ U_2 \end{pmatrix} = \begin{pmatrix} 0 \\ 0 \end{pmatrix} \tag{1.15}$$

となる。これが自明でない解をもつのは，左辺の係数マトリクスが正則でない，すなわち行列式の値が 0 となる場合であるから

$$(c + c_c - \omega^2)^2 - c_c^2 = 0 \tag{1.16}$$

を ω について解くことで，自明でない解を与える ω を求めることができる。このとき，ω は振動系の固有周波数を表す。式 (1.16) は ω に関する 4 次方程式であり，式 (1.17) のように 4 個の解をもつ。

$$\omega = \pm \sqrt{c}, \ \pm \sqrt{c + 2c_c} \tag{1.17}$$

絶対値の等しい正負の周波数を同一視すれば，固有周波数は 2 個存在し，それらを式 (1.15) に代入して，変位振幅 U_1，U_2 の関係は式 (1.18) のように決定される。

$$\begin{pmatrix} U_1 \\ U_2 \end{pmatrix} = \begin{pmatrix} 1 \\ 1 \end{pmatrix} U_{0-} + \begin{pmatrix} 1 \\ -1 \end{pmatrix} U_{0+} \tag{1.18}$$

ここで，U_{0-}，U_{0+}は任意の定数である。すなわち，2自由度の振動系は2個の固有周波数をもち，それぞれについて図（b），（c）のような固有モード形状が対応している（固有モードについては1.1.4項を参照）。振動系の応答は，それぞれの固有モードの足し合わせで表現される。一般に，2個の固有周波数がわずかに異なるとき，両方のモードが励起されると系の振動は図（d）のようにうなりを伴うことになる。このような現象は実際の楽器でもしばしば見られる。この場合も，系全体の力学的エネルギーの総和は一定である。

　ここでは，質点が2個の場合（2自由度系）について説明を行ったが，一般に質点がN個ある場合（N自由度系）では，固有モードの数はN個となる。

1.1.4　弦　の　振　動

　弦鳴楽器において振動体は弦である。ここに，弦とはある線密度（単位長さあたりの質量）ρを有し，ある張力λをもって張られているとする。**図 1.6** に示すように，弦の長さ δx の微小領域についての運動を考える。この領域に働く外力は両端に働く張力のみとする。微小領域における弦が直線であれば両端に働く張力の方向はたがいにちょうど反対向きになるため外力は相殺し，結果的に微小領域に働く力は 0 となる。しかし，弦が振動して図のように z 方向の変位分布 $u(x)$ を有するとき，微小領域の両端における弦の勾配が異なるため，左右の張力の合力は完全に相殺されず，湾曲の内側に向かう方向を向く。すなわち，弦の運動に伴い弦が湾曲したとき，張力によって微小領域が湾曲の内側に向かう力は，弦をもとの真っ直ぐな状態に戻そうとする復元力として作用する。

　ここで，簡単のため考慮の対象とする弦の運動方向を z 方向のみに限定し，

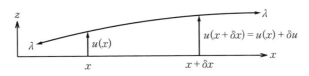

図 1.6　弦振動のモデル

さらに張力は弦全体にわたって均一であるとする。これは弦の横波だけを考えることに相当する。図のように弦が右上がりに傾斜しているとき，微小領域の左端に加わる張力の z 方向成分は，上向きを正として

$$-\lambda \left.\frac{\partial u}{\partial x}\right|_{x=x}$$

となり，右端では

$$\lambda \left.\frac{\partial u}{\partial x}\right|_{x=x+\delta x}$$

となる。ただし，式の中の u は $u(x)$ の意味である。弦の傾斜についてテイラー展開して1次の項まで考慮すると，微小領域に作用する外力の合力は

$$\lambda \frac{\partial^2 u}{\partial x^2}\,\delta x$$

となる。ここで $\partial^2 u/\partial x^2$ は数学的には曲線の曲率を表しており，外力の合力は曲率に比例して作用することがわかる。よって，微小部分に関するニュートンの運動方程式は

$$\lambda \frac{\partial^2 u}{\partial x^2}\,\delta x = \rho\,\delta x\,\frac{\partial^2 u}{\partial t^2} \tag{1.19}$$

となり，整理すれば

$$\frac{\partial^2 u}{\partial x^2} = \frac{1}{c^2}\frac{\partial^2 u}{\partial t^2} \tag{1.20}$$

となる。ただし，$c=\sqrt{\lambda/\rho}$ である。

式 (1.20) のように空間の2階微分と時間の2階微分が比例するという偏微分方程式は**波動方程式**と呼ばれる。この方程式は比例係数を除けば x と t に関して対称である。すなわち，u は x と t に関する2変数の関数であり，どちらで2階微分しても同じ形になる。そのことから一般解は

$$u(x,t)=A_1 f_1\!\left(t-\frac{1}{c}x\right)+A_2 f_2\!\left(t+\frac{1}{c}x\right) \tag{1.21}$$

と表すことができる。ここで，A_1，A_2 は定数，$f_1(x),f_2(x)$ は2階微分可能な任意の関数である。この一般解は，**図1.7** のように第1項が右向き，第2項が左向きにそれぞれ速度 c で伝搬する任意の形状の波動（**進行波**）を表している。

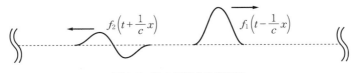

図 1.7　弦を伝搬する進行波

一方，任意の時間信号は**フーリエ変換**を用いれば正弦信号の重ね合わせで表現することができる。そこで，一般解として周波数 ω の正弦信号を考え，振幅分布を表す関数 $U(x)$ との積で

$$u(x, t) = U(x) \exp(j\omega t) \tag{1.22}$$

と表現する。この場合，時間に関する微分演算は $j\omega$ との積に置き換えられることから，式 (1.20) は

$$\frac{d^2 U}{dx^2} + k^2 U = 0 \tag{1.23}$$

と書き換えられる。ここで，$k = \omega/c$ であり，k は波数と呼ばれる。この形の微分方程式はヘルムホルツ方程式と呼ばれ，その一般解は

$$U(x) = B_1 \exp(-jkx) + B_2 \exp(jkx) \tag{1.24}$$

で表すことができる。定数 B_1，B_2 は**境界条件**により決定される。時間依存項も含め，すべての周波数成分の寄与を考慮すると，一般解は

$$
\begin{aligned}
u(x, t) &= \int [B_1(\omega) \exp(-jkx) + B_2(\omega) \exp(jkx)] \exp(j\omega t) d\omega \\
&= \int B_1(\omega) \exp\left[j\omega\left(t - \frac{1}{c}x\right)\right] + B_2(\omega) \exp\left[j\omega\left(t + \frac{1}{c}x\right)\right] d\omega
\end{aligned}
\tag{1.25}
$$

と書ける。ここで，式 (1.21) と式 (1.25) を比較することで，式 (1.25) は式 (1.21) をフーリエ変換により周波数成分で表示したものであり，これらは等価であるから，結局のところ同じ解を与えていることがわかる。

通常，弦鳴楽器における弦の両端は大雑把には固定端とみなすことができる。両端固定の境界条件のもとでは，振幅分布関数 $U(x)$ は弦の両端で恒等的に 0 であるから，弦の一端の座標を $x = 0$ とすれば，$U(x) = 0$ の条件よりただちに $B_1 = -B_2$ が導かれ，オイラーの公式 $\exp(j\theta) = \cos\theta + j\sin\theta$ より

$$U(x) = 2jB_2 \sin kx \tag{1.26}$$

となる。ここで，弦の長さを l とすれば，$U(x) = 0$ の条件から，n を自然数として，k の取りうる値は

$$k = \pi \frac{n}{l} \tag{1.27}$$

であることが導かれる。すべての自然数 n について解となり，それらの線形結合もまた解となることから，一般解である式 (1.25) に対して，両端固定の境界条件を課すと

$$u(x, t) = \sum_n C_n \sin\left(\pi n \frac{x}{l}\right) \exp\left(j 2\pi n \frac{c}{2l} t\right) \tag{1.28}$$

となる。ここで時間依存項に着目すると，この解は，周波数 $f_0 = c/2l$ を**基本周波数**とする調波構造をとる。すなわち，弦の自由振動において基本周波数およびその**倍音**成分しかもたないことがわかる。また，基本周波数の逆数である周期 $2l/c$ は，**伝搬速度** c で波動が長さ l の弦を往復する時間である。このときの弦振動の様子は**図 1.8** のようになる。図（a）には最も固有周波数の低い基本モードから順に 4 次モードまでを示した。振動の様子は実線と破線で描かれた形状の間で往復運動する。このような振動は**固有振動**と呼ばれ，一つ一つの振動の形状は**固有モード**と呼ばれる。実際の振動は，これらの固有モードの重ね合わせ（足し合わせ）で表すことができる。この例のように両側の固定端の間に振動が閉じられているような振動は**定在波**と呼ばれ，一見すると先に説明した波動が左右に伝搬する進行波（図 1.7）とはまったく異なる現象のように見えるかもしれないが，ものの見方が異なるだけで実は同じ現象である。例えば，撥弦による弦振動は固有モードの足し合わせで表されると同時に，図（b）のように撥弦位置からスタートした波動が左右に広がり，Z 型の波形が左右に往復運動する振動であることが知られている（ただし，実際の楽器ではいくつかの理由で，時間とともに Z 型の波形は徐々に崩れる）。

このように，基本的に両端が固定された弦において，系の振動には基本周波数の整数倍にあたる成分しか存在しない（調和的）ため，弦鳴楽器の音はほぼ調和的である。ここで「ほぼ」と書いたのは，実際の楽器において，弦はある

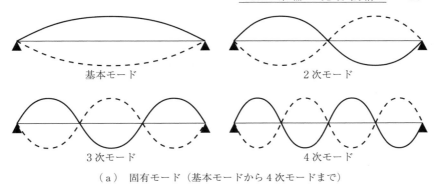

（a） 固有モード（基本モードから4次モードまで）

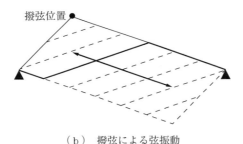

（b） 撥弦による弦振動

図 1.8 両端が固定された弦の自由振動

程度の曲げ剛性を有することなどから，完全に調和的ではなく非調和性をもつからである。特にピアノは弦の剛性が高いことから非調和性の度合いは大きい。また，本節の説明では小振幅を前提に弦の張力は一定であることを仮定していたが，振動の振幅が大きくなると振動に伴う弦の伸縮による張力変化の効果が無視できなくなり，振幅が大きいほど固有周波数が高くなる傾向となる。

　ここでは，弦の横断面における一つの軸方向（z 方向）のみを考えたが，実際の弦は横断面内で一つの軸に制約されることなく2次元的に運動することができるため，図1.6の奥行き方向（y 方向）の変位についても同様に振動することができる。弦が両端で完全に固定されていて，かつ変位が微小であり変位によって張力変化が生じないという仮定のもとでは，y 方向と z 方向の振動は独立しており別々に考えることができるが，弦の端点が完全な固定条件ではなく，端点を介して y 方向の振動と z 方向の振動がたがいに影響を及ぼす場合に

は，両者の振動は結合する。さらに，振動変位の振幅が大きくなると，前述の振動に伴う張力変化は無視できなくなり，弦の張力変化を介して2方向の振動が結合することにより，横断面内で歳差運動を含む複雑な軌跡を描くことになる（**図1.9**）。理論の詳細に興味のある読者は文献2) を参照されたい。

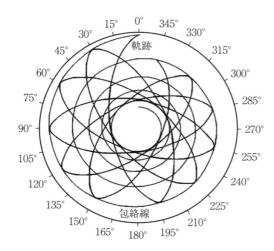

図1.9　大振幅の弦振動において見られる歳差運動を伴う減衰振動[2]

1.1.5　棒　の　振　動

棒状の振動体をもつ楽器はさまざまであるが，その多くはおもに棒の曲げ振動を利用している。ここでは，棒の曲げ振動について解説する。なお，ここでは棒の太さは長さに比べて小さいものとする。

図1.10 は，曲げ振動している棒における x から $x+\delta x$ の区間を描いたものである。また，曲げは小さく，変位 u は z 方向のみと考える。図のように棒が

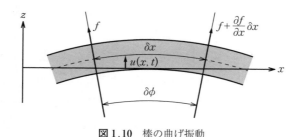

図1.10　棒の曲げ振動

曲げられている場合，引っ張り応力は，中立面 $z=0$ からの距離に比例し，$Ez(d\phi/dx)$ となる。断面にかかるモーメント M は

$$M = E\frac{d\phi}{dx}\iint z^2\,dydz \tag{1.29}$$

であり，$d\phi$ は，z 方向の変位を u とすると

$$d\phi = \frac{\partial}{\partial x}\left(\frac{\partial u}{\partial x}\right)dx = \frac{\partial^2 u}{\partial x^2}\,dx \tag{1.30}$$

と表され，結局モーメント M は断面積 A と断面の回転半径 R を用いて

$$M = EAR^2\frac{\partial^2 u}{\partial x^2} \tag{1.31}$$

で表される。ここで回転半径 R は断面形状に依存し

$$R^2 = \frac{1}{A}\iint_A z^2\,dydz \tag{1.32}$$

で定義される。一方，曲げ振動により微小領域にかかる慣性力とそれを発生させる二つの断面のせん断力の差が釣り合うことを考えると

$$\frac{\partial F}{\partial x}\delta x = \rho A\delta x\frac{\partial^2 u}{\partial t^2} \tag{1.33}$$

が成り立つ。せん断力 F とモーメント M の間に成り立つ

$$F = -\frac{\partial M}{\partial x} \tag{1.34}$$

なる関係を代入すると，変位 u に関する場の支配方程式は

$$\frac{\partial^2 u}{\partial t^2} - \frac{\partial^2}{\partial x^2}\left(-\frac{ER^2}{\rho}\frac{\partial^2 u}{\partial x^2}\right) = \frac{\partial^2 u}{\partial t^2} + \frac{ER^2}{\rho}\frac{\partial^4 u}{\partial x^4} = 0 \tag{1.35}$$

と求められる。参考までに，前項で説明した弦振動の支配方程式（波動方程式）は，第2項が x に関する2階微分であるのに対し，式（1.35）では4階微分になっている。一般解を求めるため，$u=X(x)T(t)$ のように，座標 x に依存する関数と時間 t に依存する関数の積の形で表すと

$$\begin{cases}\dfrac{d^4X}{dx^4} - k^4X = 0 \\[2mm] \dfrac{d^2T}{dt^2} + \dfrac{ER^2}{\rho}k^4T = 0\end{cases} \tag{1.36}$$

のように独立な2式が得られ，それぞれから次の解が求まる。

$$X(x) = A_1 \cos kx + A_2 \sin kx + A_3 \cosh kx + A_4 \sinh kx$$

$$T(t) = B_1 \cos(\omega t) + B_2 \sin(\omega t)$$

ただし，$A_1 \sim A_4$ は境界条件により決定され，周波数 ω と波数 k は式（1.37）の関係を満たす。

$$\omega = k^2 \sqrt{\frac{E}{\rho}}\, R \tag{1.37}$$

式（1.37）から波動伝搬の位相速度 $v_\mathrm{p} = \omega / k$ を求めると

$$v_\mathrm{p} = \sqrt{\omega} \sqrt[4]{\frac{E}{\rho}} \sqrt{R} \tag{1.38}$$

のように周波数に依存することがわかる。弦振動のような1次元波動方程式においては，位相速度は周波数によらず一定であるが，細い棒の曲げ振動において位相速度は周波数の平方根に比例する。

棒の両端における典型的な境界条件は

（1）　自由端（free）　　変位，回転とも拘束されない。

$$\frac{d^2 X}{dx^2} = 0, \quad \frac{d^3 X}{dx^3} = 0 \tag{1.39}$$

（2）　支持端（support）　　変位のみ拘束され，回転は拘束されない。

$$X = 0, \quad \frac{d^3 X}{dx^3} = 0 \tag{1.40}$$

（3）　固定端（fixed）　　変位，回転とも拘束される。

$$X = 0, \quad \frac{dX}{dx} = 0 \tag{1.41}$$

の3種類がある。実際にこれらの条件を適用することで，棒の曲げ振動に対する固有周波数を求めることができる。**図1.11** に固有モード形状と固有周波数の計算例を示す[3]。図中の数字は固有周波数の比を表す。特に低い次数では周波数比が整数比にならないため，棒を叩いた音は**ピッチ感**がはっきりしない。ここで扱ったのは太さが一様な棒であるが，例えばマリンバのようにはっきりとしたピッチ感が得られる楽器では，振動体である音板の断面形状が一様でな

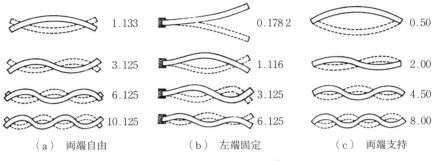

（a） 両端自由		（b） 左端固定		（c） 両端支持	

左列: 1.133 / 3.125 / 6.125 / 10.125
中列: 0.178 2 / 1.116 / 3.125 / 6.125
右列: 0.50 / 2.00 / 4.50 / 8.00

図1.11　棒の曲げ振動における固有モード[3]（2.4.2項を参照）

く中央部の厚みを薄く裏面をアーチ状に削ることにより，固有周波数のいくつかが整数比に近づくようチューニングされる。これにより明確なピッチ感が得られる。不均一な断面をもつ棒の固有周波数を理論計算により求めるのは困難であるが，有限要素法のような数値計算手法により求められる。

1.1.6　気柱の振動

気鳴楽器の多くは細長い管をもつ管楽器であり，その共鳴体は管の中の空気であり，このように細長い管に閉じ込められた空気を気柱と呼ぶ。ここでは気柱の振動について説明する。**図1.12** に示すような断面積 S の管に閉じ込められた気柱において，座標 x から $x+\delta x$ までの長さ δx の微小区間を考える。

気柱が振動していないときの基準位置からの音波による空気の変位および**音**

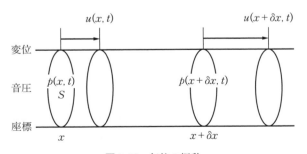

図1.12　気柱の振動

圧は，座標 x と時間 t の関数であり，それぞれ $u(x, t)$ と $p(x, t)$ で表す。また，図では微小領域の右側の位置，座標 $x + \delta x$ において変位と音圧はそれぞれ $u(x + \delta x, t)$ と $p(x + \delta x, t)$ である。ここで，空気の弾性（体積弾性率 K）と慣性（空気の密度 ρ）について考える。

空気の弾性は，体積の変化率と圧力の変化率に関して比例関係

$$p = -K \frac{S[u(x + \delta x, t) - u(x, t)]}{S \delta x} = -K \frac{\partial u}{\partial x} \tag{1.42}$$

を満たす。一方，慣性についてはニュートンの運動方程式を考えればよく，微小領域の質量と加速度の積が外力の総和に等しくなる。外力の総和は微小領域の左右の境界に働く圧力の差であり，**粒子速度** $v = \partial u / \partial t$ を用いて

$$\rho S \delta x \frac{\partial v}{\partial t} = S[p(x, t) - p(x + \delta x, t)] = -S \frac{\partial p}{\partial x} \tag{1.43}$$

と表される。両辺を $\rho S \delta x$ で除すると

$$-\frac{\partial p}{\partial x} = \rho \frac{\partial v}{\partial t} \tag{1.44}$$

のように，慣性に関して音圧と粒子速度の関係が成り立つ。一方，式 (1.42) を時間で微分すると

$$-\frac{\partial v}{\partial x} = \frac{1}{K} \frac{\partial p}{\partial t} \tag{1.45}$$

となる。ここで，式 (1.44) を x，式 (1.45) を t でそれぞれ微分することで粒子速度 v が消去され，音圧だけの方程式，逆に式 (1.44) を t，式 (1.45) を x でそれぞれ微分することで，音圧 p が消去され，粒子速度だけの方程式が式 (1.46)，(1.47) のように得られる。

$$\frac{\partial^2 p}{\partial x^2} = \frac{1}{c^2} \frac{\partial^2 p}{\partial t^2} \tag{1.46}$$

$$\frac{\partial^2 v}{\partial x^2} = \frac{1}{c^2} \frac{\partial^2 v}{\partial t^2} \tag{1.47}$$

ここで，$c = \sqrt{K/\rho}$ である。式 (1.46) と式 (1.47) は従属変数が p と v とで異なるだけであり，その他はまったく同一であることから，同じ一般解をもつ。これはすでに説明した弦振動を表す式 (1.20) と同様に波動方程式である。

よって，弦振動と同じく一般解として任意の関数が速度 c で伝搬する解をもつ。さらに，粒子速度 v に対するポテンシャルとして，速度ポテンシャル $\phi(x, t)$ を

$$v = -\frac{\partial \phi}{\partial x} \tag{1.48}$$

と定義すると

$$p = \rho \frac{\partial \phi}{\partial t} \tag{1.49}$$

となり，粒子速度，音圧とも速度ポテンシャルから求められる。したがって，式 (1.47) と式 (1.48) は，速度ポテンシャルを用いることで

$$\frac{\partial^2 \phi}{\partial x^2} = \frac{1}{c^2} \frac{\partial^2 \phi}{\partial t^2} \tag{1.50}$$

のように一つにまとめ，粒子速度と音圧は必要に応じて，式 (1.48) と式 (1.49) から求めればよい。なお，x の正方向に伝搬する音波は

$$\phi(x, t) = \phi_1(x - ct) \tag{1.51}$$

のように表すことができ，これを式 (1.48)，(1.49) にそれぞれ代入すると，$v = -\phi_1'(x - ct)$ と $p = -\rho c \, \phi_1'(x - ct)$ から

$$\frac{p}{v} = \rho c \tag{1.52}$$

が得られる。ここで，音圧と粒子速度の比 p/v は**特性インピーダンス**と呼ばれ，1次元問題（あるいは平面波）では ρc で一定値となる。

　ここまでの議論で管の断面積 S は一定と考えていたが，管楽器では管の太さが一定ではなくテーパ状に広がりホーンになっているなど，単純な円筒管とは異なることが多い。簡単のため，ここでは**図 1.13** のように断面積の異なる管を不連続に接続した場合を考える。図の左側から断面積 S_1 の管を右向きに伝搬する平面波を考える。ある面を境界として右側に断面積 S_2 の管が接続されているとする。このとき境界を通過する流体の連続性を考慮すると，境界の左右では体積速度が保存する。体積速度は平面波の場合断面積と粒子速度の積で表されるので，粒子速度は境界の左右で不連続に変化する。一方で，音圧は

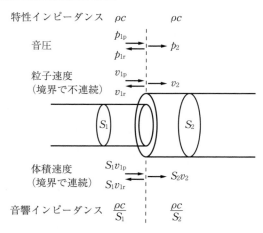

図 1.13 断面積の異なる管の接続による音波の反射

境界を挟んだ左右で等しい。よって，境界に左から入射する音波（入射波）の
音圧と粒子速度をそれぞれ p_{1p}, v_{1p}, 境界から左側に伝搬する音波（反射波）
の音圧と粒子速度をそれぞれ p_{1r}, v_{1r}, 境界から右側に伝搬する音波（透過波）
の音圧と粒子速度をそれぞれ p_2, v_2 とすると，それらの間には式 (1.53)，
(1.54) の関係が成立する。

$$p_{1p} + p_{1r} = p_2 \tag{1.53}$$

$$S_1(v_{1p} + v_{1r}) = S_2 v_2 \tag{1.54}$$

ここで管内の空気の特性インピーダンスはともに ρc であるとすれば，平面
波において音圧は粒子速度と特性インピーダンスの積であることから

$$p_{1p} = \rho c\, v_{1p}$$
$$p_{1r} = -\rho c\, v_{1r} \tag{1.55}$$
$$p_2 = \rho c\, v_2$$

が成立する。ここで2番目の式だけ右辺の負号が異なるのは，波動の向きが
反対であることによる。式 (1.55) を式 (1.53) に代入し，さらに式 (1.54)
を用いて v_2 を消去することで，粒子速度に関する反射率 r と透過率 t が得ら
れる。

$$r = \frac{v_{1r}}{v_{1p}} = \frac{S_2 - S_1}{S_2 + S_1}$$

$$t = 1 - r = \frac{2S_1}{S_1 + S_2}$$

(1.56)

そのときインピーダンス不整合により，境界で反射が発生する。このインピーダンスは，音響インピーダンスであり，特性インピーダンスとは定義が異なることに注意が必要である。特性インピーダンスが音圧と粒子速度の比で定義されるのに対し，管内の平面波に関して，音響インピーダンスは音圧と体積速度の比として定義される。図には，特性インピーダンスと音響インピーダンス，および粒子速度と体積速度の関係を示した。音響インピーダンスは断面積に反比例し，音響インピーダンスの不整合により反射が生じると解釈できる。

気柱の振動においても弦振動と同様に両端の条件によって定在波が生じる。これは気鳴楽器の場合，音が特定の周波数に定まることを意味する。典型的な端の条件は閉端（Close）と開端（Open）であり，端からの音の放射による放射インピーダンスを無視すれば，Close 条件は粒子速度 $v = 0$，Open 条件は音圧 $p = 0$ である。管楽器の場合，多くの場合は Close-Open 条件のものと Open-Open の条件のものに大別される。それぞれの場合の定在波を基本モードから第3次モードまで，**図** 1.14 に示す。図（a）の Close-Open 条件は，ごく大まかに分ければ吹口にリードが付いている円筒状の管楽器に相当し，この種の楽器にはクラリネットがある。この条件では，基本周波数の奇数倍の周波数で定

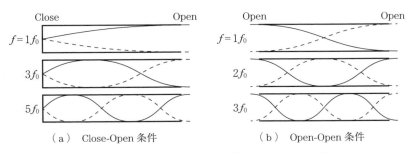

（a） Close-Open 条件 　　　　　（b） Open-Open 条件

図 1.14　円筒管の Close-Open 条件と Open-Open 条件における定在波モード（曲線は粒子速度を表す）

在波が起こり，楽器の音は奇数次倍音が優勢となる。一方，図（b）のOpen-
Open条件はリードのない円筒状の管楽器に相当し，例えばフルートやリコー
ダがある。この場合は，基本周波数の整数倍（偶数を含む）の周波数で定在波
が起こることから，偶数次倍音を含む音となる。

　ただし，これは太さが均一な円筒管の場合であり，太さが徐々に太くなる円
錐管，もしくは徐々に広がるベル部をもつ楽器では，Close-Open条件であっ
ても偶数次倍音を含む。**図1.15**は，長さ1mの円筒管とトランペットに似せ
た断面積変化をもつ同じ長さの管のそれぞれについて，入り口から見た音響イ
ンピーダンスの周波数特性の計算例である。曲線がピークをとる周波数が共振
周波数であり，おおむねこれらの周波数で最低次モードの周波数が少し低めで
あることを除くと，おおむね2：3：4：5：6と，最低次を除く（偶数次を含
む）倍音列を近似していることがわかる。

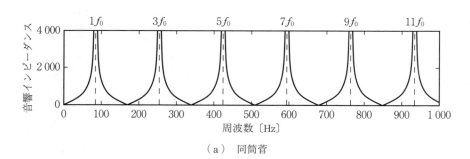

（a）　同筒菅

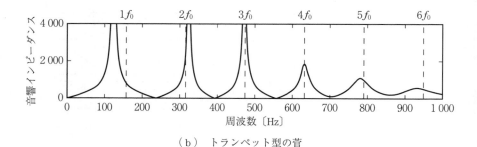

（b）　トランペット型の菅

図1.15　円筒管とトランペット型の管における共振特性

1.1.7 膜 の 振 動

1.1.4 項では弦振動が張力に由来する復元力によって起こり，1 次元の波動方程式が導出されることを示した。膜は 2 次元的な広がりをもつが，張力をもって張られているという意味では弦と同様であり，弦の場合は自由振動に必要となる復元力は張力に由来し，変位に対する復元力は弦の張力と曲率の積に比例することは前述した。

一方，**図 1.16** に示すように，膜は 2 次元的に広がりをもつことから，その変位は 2 変数関数である。静止状態にある膜面内に $x-y$ 軸を考えた場合，x 軸と y 軸それぞれの方向に曲率が存在する。これらを考慮すると，膜の微小領域に作用する復元力は x 軸と y 軸それぞれの方向の曲率に由来する復元力の和になる。したがって，膜の微小領域に関する運動方程式は，膜の面密度を ρ，単位長さあたりの張力を λ とすると

$$\left(\lambda \frac{\partial^2 u}{\partial x^2} + \lambda \frac{\partial^2 u}{\partial y^2}\right)\delta x \delta y = \rho\, \delta x \delta y\, \frac{\partial^2 u}{\partial t^2} \tag{1.57}$$

と書ける。両辺を $\delta x \delta y$ で除して整理すると

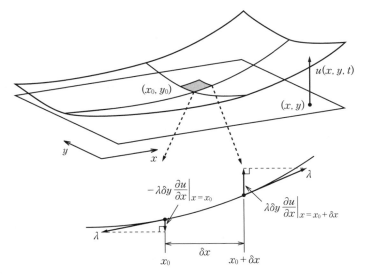

図 1.16　膜の微小領域に作用する力

$$\left(\frac{\partial^2}{\partial x^2}+\frac{\partial^2}{\partial y^2}\right)u=\frac{1}{c^2}\frac{\partial^2 u}{\partial t^2} \tag{1.58}$$

のように 2 次元の波動方程式が得られる。この解は，平面波に関しては，波面の方向に関する微分値が 0 であることから，実質的に 1 次元波動方程式となり，弦振動と同様の解が得られる。例えば x 方向に伝搬する平面波は，式 (1.59) のように書ける。

$$u(x, y, t) = A_1 u_1(x-ct) + A_2 u_2(x+ct) \tag{1.59}$$

これは y 座標に依存しないことから，右辺に変数 y は含まれない。

　平面波以外の場合は 1 次元の場合ほど単純ではない。ここで円形の境界が固定された，いわゆる円形膜を考える。この場合は，x, y による直交座標よりも，r, θ による極座標系のほうが扱いやすい。

$$\begin{cases} x = r\cos\theta \\ y = r\sin\theta \end{cases} \tag{1.60}$$

により座標変換を行うと，式 (1.58) の波動方程式は

$$\left(\frac{\partial^2}{\partial r^2}+\frac{1}{r}\frac{\partial}{\partial r}+\frac{1}{r^2}\frac{\partial^2}{\partial \theta^2}\right)u=\frac{1}{c^2}\frac{\partial^2 u}{\partial t^2} \tag{1.61}$$

のように表される。この一般解はベッセル関数を用いて表されることが知られている。ここで，式 (1.61) を，$u(r, \theta, t) = R(r)\Theta(\theta)T(t)$ のようにそれぞれの変数を単独で独立変数とする関数 3 個の積で表す。このとき，$T(t)$ に関する微分は右辺にしかなく，弦振動における式 (1.23) と同様に調和振動を仮定すると

$$u(r, \theta, t) = R(r)\Theta(\theta)\exp(j\omega t) \tag{1.62}$$

と置くことができる。これを式 (1.61) に代入すると

$$\left[\frac{d^2}{dr^2}+\frac{1}{r}\frac{d}{dr}+\left(\frac{\omega^2}{c^2}-\frac{\alpha^2}{r^2}\right)\right]R=0 \tag{1.63}$$

$$\left(\frac{d^2}{d\theta^2}+\alpha^2\right)\Theta=0 \tag{1.64}$$

が得られる。式 (1.64) において，$\Theta(\theta)$ は 2π〔rad〕を周期とする周期関数であるから $\alpha=2\pi m$ として

$$\Theta(\theta) = A\exp(\pm j2\pi m\theta) \tag{1.65}$$

と表すことができる。一方，式 (1.63) はベッセルの方程式として知られており，円形膜の中心で有限値をとる解は第 1 種ベッセル関数 $J_n(kr)$ であることが知られている。ただし，$k = \omega/c$ である。膜の円周を固定したとき，$J_n(kr) = 0$ の根となる r を半径とする円は固定された境界あるいは固有モードの節線となり得る。円形膜をもつ膜鳴楽器において，円周部分はおおむね固定された境界と考えてよく，ここでは周辺固定の境界条件における円形膜の固有モードを**図 1.17** に示す。各モード図の上にある数字の組はモード番号を示し，一つ目の数字は円周方向のモード次数 m を表し，二つ目の数字は径方向の次数 n を表す。またモード図の下の数字は，$(0, 1)$ モードの固有周波数を 1 としたときの固有周波数である。これらは整数比にならず，理想膜の自由振動による音は基本的に調和的ではなく明確なピッチ感はない。ピッチ感が重要となる膜鳴楽器では，空洞（ティンパニのケトルなど）や膜に対する付加質量（タブラのパッチなど）の効果などにより調和的になるようチューニングされている。

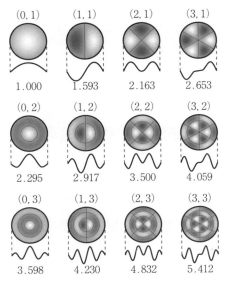

図 1.17　理想円形膜の固有モードと固有周波数比

1.1.8 板 の 振 動

板の振動は棒の振動と同じように，振動体それ自体の弾性が変形の復元力となり振動する。棒の曲げ振動における支配方程式は1次元座標において記述されているが，板のたわみ振動については座標を2次元に拡張することで

$$\frac{\partial^2 u}{\partial t^2} + \frac{Eh^2}{3\rho(1-\sigma^2)}\left(\frac{\partial^4 u}{\partial x^4} + 2\frac{\partial^4 u}{\partial x^2 \partial y^2} + \frac{\partial^4 u}{\partial y^4}\right) = 0 \tag{1.66}$$

のように得られる。これも前項までと同様に，時間依存項を調和関数として分離することができる。その場合，時間微分は $j\omega$ の乗算になり，波数 k を

$$k^4 = \frac{3\omega^2\rho(1-\sigma^2)}{Eh^2} \tag{1.67}$$

と書く。また，$\nabla = (\partial/\partial x, \partial/\partial y)$ とおき，式 (1.67) を考慮すると，$u(x, y, t) = U(x, y)\exp j\omega t$ を用いて，式 (1.66) は

$$(\nabla^4 - k^4)U(x, y) = 0 \tag{1.68}$$

すなわち

$$(\nabla^2 + k^2)U(x, y) = 0$$
$$(\nabla^2 - k^2)U(x, y) = 0 \tag{1.69}$$

により，$U(x, y)$ が与えられる。

ここで，円板の振動について考える。式 (1.69) を2次元極座標で表示すると，変位振幅 U は $R(r)$ と $\Theta(\theta)$ の積で表される。ここで，$\Theta(\theta) = \cos n\theta + \alpha$ と仮定すると，半径に依存する関数 $R(r)$ は

$$\left[\frac{d^2}{dr^2} + \frac{1}{r}\frac{d}{dr} + \left(k^2 - \frac{n^2}{r^2}\right)\right]R = 0 \tag{1.70}$$

$$\left[\frac{d^2}{dr^2} + \frac{1}{r}\frac{d}{dr} + \left(k^2 + \frac{n^2}{r^2}\right)\right]R = 0 \tag{1.71}$$

で与えられ，その一般解は，第1種および第2種ベッセル関数を用いて

$$R = AJ_n(kr) + BN_n(kr) + CI_n(kr) + DK_n(kr)$$

のように表されるが，中心が有限の振幅になるためには第2項と第4項は0でなければならず，最終的に一般解は

$$u(r, \theta, t) = [AJ_n(kr) + CI_n(kr)]\cos(n\theta + \alpha)\exp(j\omega t) \tag{1.72}$$

と書ける。ここで，定数 A, C は境界条件により決定される。典型的な境界条件は

（1）　自由境界（free）　　変位，回転とも拘束されない。

$$\frac{d^2R}{dr^2} = 0, \quad \frac{d^3R}{dr^3} = 0 \tag{1.73}$$

（2）　支持境界（support）　　変位のみ拘束され，回転は拘束されない。

$$R = 0, \quad \frac{d^3R}{dr^3} = 0 \tag{1.74}$$

（3）　固定境界（fixed）　　変位，回転とも拘束される。

$$R = 0, \quad \frac{dR}{dr} = 0 \tag{1.75}$$

の3通りである。参考までに，周辺を自由境界としたときの，円板の固有モードの計算例を**図 1.18** に示す。周辺が固定されている膜振動とは異なり，径方向の最低次数は0であるが，径方向の次数0で円周方向の次数0および1の(0, 0) モード，(1, 0) モードは存在しない。すなわち，(2, 0) モードが最低次であり，これは円板をねじるような振動に相当する。

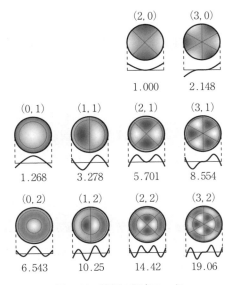

図 1.18　円板の固有モード

1.2 楽 器 の 計 測

　音楽音響分野の研究において，楽器を計測する目的はさまざまである。例えば，より良い楽器を設計・製作するための特性解析，楽器の発音機構の解明やモデリング，などがあろう。楽器は振動により音を発する力学系であるから，そのふるまいの計測・解析法は，音楽音響分野に限らずさまざまな分野の工学で用いられる計測法と大きく異なるものではない。しかし，楽器は人間が演奏するものであり，計測の目的によっては人間の演奏に影響を与えないように計測するなど，特別な注意が必要となる場合もある。本節では，体鳴楽器，膜鳴楽器，弦鳴楽器，気鳴楽器のそれぞれに関する，いくつかの計測法と研究例を紹介する。

1.2.1　レーザ干渉法による面振動の計測

　体鳴楽器，膜鳴楽器，弦鳴楽器については，発音には物体の振動が必要であり，楽器研究の基本はそれらの振動計測であろう。振動体はさまざまな形状があるが，ここでは振動面の計測を扱う。物体の振動を計測するには

①　センサを振動体に接触させる手法

②　光センサやカメラ画像を用いる非接触の手法

③　振動体からの音響放射を用いる非接触の手法

などがある。振動体の等価質量が比較的重い場合，すなわち測定点における機械インピーダンスが高い場合には，加速度ピックアップなどを取りつけて計測するのが確実であるが，小さく軽い楽器の場合には加速度ピックアップを取りつけるのは，楽器の振動が変化してしまうことからあまり得策とはいえない。

　そこで，光を用いて非接触計測する光学的手法が用いられることがある。光学的手法にも，レーザ変位計やレーザドップラ振動計に代表されるような，レーザ光のスポット位置における振動変位，あるいは振動速度を計測するものと，**ホログラム干渉**のように振動モードを映像として捉えるものがある。

　図1.19 は，ハンドベルの振動モードをホログラム干渉によって**可視化**した
ものである。ハンドベルの固有モード形状に応じて節線を明瞭に見出すことが
できるほか，振幅に応じて干渉縞が等高線のように観測されることがわかる。
ここに示されているホログラム干渉図は，楽器を正弦波で加振させるなどの方
法で単一の固有モードで振動させ，レーザ干渉光学系により生じる干渉光が写
真乾板などによって記録されるものであり，このような手法は時間的な負担が
大きい[4]。

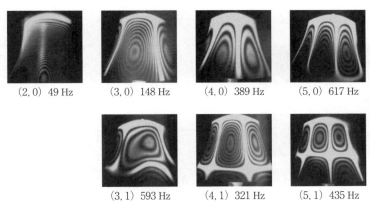

(2, 0)　49 Hz　　　(3, 0)　148 Hz　　　(4, 0)　389 Hz　　　(5, 0)　617 Hz

(3, 1)　593 Hz　　　(4, 1)　321 Hz　　　(5, 1)　435 Hz

図1.19　ハンドベルのホログラム干渉図の一例[5]

　そこで近年では電子スペックルパターン干渉法（electronic speckle pattern
interferometry, ESPI）という手法が用いられることが多い。これは TV ホロ
グラフィとも呼ばれ，例えば**図1.20**（a）のような光学系が用いられる[6]。図
において PBS は偏光ビームスプリッタ，BS はビームスプリッタ，L はレンズ，
G はすりガラスである。この手法では，粗面にレーザ光が照射されたときに生
じる明暗の斑点模様（スペックルパターン）を利用する。スペックルパターン
は物体の振動に同期して変化するため，高速度カメラによりこのパターンを撮
影すると，物体の**振動分布**に応じてパターンの移動を捉えることができる。露
光タイミングのずれたフレーム間で振動分布に応じてスペックルパターンが変
化するため，フレーム間で画像の差分をとることにより，図（b）のように光

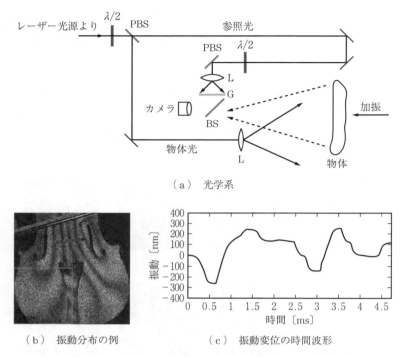

（a） 光学系

（b） 振動分布の例   （c） 振動変位の時間波形

図1.20　電子スペックルパターン干渉法の光学系と観測された振動分布の一例[5]

の1/2波長ごとの縞模様が観察される[†]。文献5）では正弦波駆動による固有
モード観察ではなく，図（c）のように，振動変位の時間波形が観測されてい
る。

1.2.2　振動面近傍の音圧分布による面振動の可視化

〔1〕　シンバルの過渡応答計測

　物体が振動するとき，振動面で放射される音の粒子速度あるいは音圧をマイ
クで計測することにより，振動面の振動速度を近似的に計測することができ
る。より詳細な計測には後述する**近距離場音響ホログラフィ法**などを用いるべ
きであるが，マイクを振動面に対して十分に近接させれば，特別な信号処理を

[†]　図1.20（b）はチェロを擦弦したときの表板の振動分布である。

施さなくても比較的簡便に振動が可視化される。ただし，面の振動を計測する場合，一度にすべての測定点を計測するには膨大な数のマイクやアンプが必要になるため，一つあるいは少数のマイクを使用してスキャンするのが現実的であろう。

図 1.21 は，シンバルを叩いたときの**過渡応答**を，図（a）に示すようなシステムにより 13 素子からなるマイクアレイを用いて，回転スキャンにより計測したものである[7]。ここで，1 回の計測で取得できる測定点は図（b）に示すように，マイクアレイを構成する 13 チャネルだけであり，すべての測定点におけるデータを取得するには図（c）のようにアレイを少しずつ回転移動させて打叩と測定を繰り返す必要がある。ここでは，回転方向は 3° ステップで 1 回転，すなわち 120 回の計測が行われたが，各計測における打叩の再現性を確保することに加え，打叩と測定開始の厳密な時刻合わせが必要となる。このため，この測定には機械による自動打叩装置が用いられるとともに，打叩に用いるマ

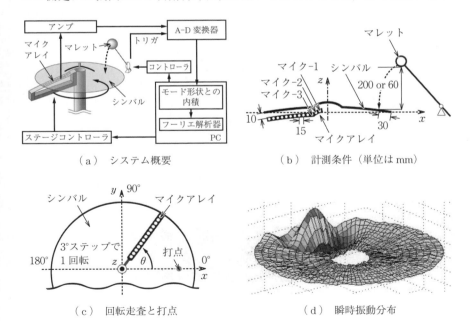

（a）　システム概要

（b）　計測条件（単位は mm）

（c）　回転走査と打点

（d）　瞬時振動分布

図 1.21　シンバルの瞬時振動分布[7]

レットに導電性の糸を通し，マレットがシンバル（導電性）の面に接触する瞬間を電気的に検出することで打叩と測定開始の厳密なタイミング合わせが行われた。その結果，計測面の近傍にマイクを設置しているので，マイクアレイで検出された音圧をそのまま計測面の振動とみなしてプロットすると，図（d）に示すように，打叩直後に打点から振動が広がっていく様子が観察できる。

〔2〕　**少数マイクによる振動モード可視化**

　膜鳴楽器における膜振動の計測も，前述のシンバルの計測と同様に，基本的に面の振動計測である。よって，前項の計測法は膜振動の計測にもそのまま用いることができる。時間をかけて詳細に振動を計測する場合はマイクや光センサで振動面全体をスキャンする方法を用いることができるが，人間が楽器を叩いて振動を計測する場合，再現性良く正確に繰り返し振動を起こすことは難しいため，一度の打叩で計測できることが望ましい。次の例は，文献8）にて善甫らが円形膜をもつ打楽器において，リアルタイムに振動モードを可視化することを目的として，**図 1.22**（a）に示すような 10 チャネル前後の素子からな

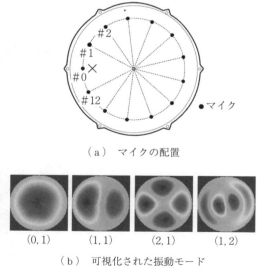

（a）　マイクの配置

（b）　可視化された振動モード

（0, 1）　　（1, 1）　　（2, 1）　　（1, 2）

図 1.22　リングアレイを用いる円形膜の振動モード可視化

るリング状のマイクアレイを用いて，固有モード形状の可視化を行ったもので
ある。この手法は，1.1.7 項で説明したように，円形膜の振動が径方向には
ベッセル関数，周方向には三角関数で表されることを利用し，周方向の分布の
みリングアレイで取得し，径方向の形状については周波数の情報をもとにモー
ド次数の推定を行いベッセル関数の形状を当てはめるものである。図 1.22 は
リングアレイの構成と，可視化された振動モードの形状である。この手法で
は，計測点の数はアレイの素子数であり，アレイの走査や繰り返し計測は不要
である。

　ただし，径方向の分布については推定値であることから，得られたモード形
状は純粋に計測されたものではないことに注意する必要がある。マイクアレイ
を用いることによって，一度の打叩によって複数の固有モードが同時に推定さ
れている。固有モードの形状を正確に計測することが目的であれば，径方向の
形状は理論値で代用して周方向のみ測定値を用いるような方法は少々乱暴であ
ろう。しかし，文献 8) において固有モードを可視化する目的は，円形膜をも
つ膜鳴楽器のチューニングを支援するため，膜をタッピングしたときに発生す
る振動をリアルタイムで可視化することであり，このような用途ではモード形
状の正確性よりも装置が簡便であり動作が速いことが優先される。この例に見
られるように，計測の目的によっては精度よりも装置の簡便さや動作の速さが
優先される場合もあることに言及しておく。

1.2.3　近距離場音響ホログラフィ法による面振動の計測

　前項のように振動の様子を概観する程度であれば振動面近傍の音圧をそのま
ま面の振動とみなしても大きな問題は生じないが，より厳密には，これは定量
的な計測ではない。例えば，平面上のある半径が波長の 5 倍である円形内のみ
均一な粒子速度で，調和的に振動しているピストン音源を考える。その音源が
振動面から 0.1 波長上に生成する音場の音圧と粒子速度は，**図 1.23** のように
なる9)。振動面は均一に振動しているが，音圧は一定ではなく縞模様になり，
粒子速度は振動面直上で一定値となる。この例に見られるように面の振動を測

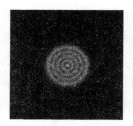 

（a）　音圧　　　　　　（b）　粒子速度

図1.23　円形ピストン音源による音場[9]

定するとき，音圧分布よりも粒子速度分布を知ることが必要である。

　このような場合に，振動面の振動分布は，振動面から少し離れた位置で観測された音圧分布から近距離場音響ホログラフィ法（near field acoustic holography，NAH）を用いて計測することができる。NAH はフーリエ光学に基づいて E. G. Williams が体系化した，フーリエ音響学において重要な理論とされている[10]。以下に，その理論と計測例を示す。

　1.1.6 項では管内の音波伝搬について，1 次元の波動方程式を導いた。ここに式 (1.50) を再掲する。

$$\frac{\partial^2 \phi}{\partial x^2} = \frac{1}{c^2}\frac{\partial^2 \phi}{\partial t^2}$$
(1.50) 再掲

これは波長に比べて細い管について成り立つものである。また，1.1.7 項では膜の振動として 2 次元波動方程式を導いた。ここに式 (1.58) を再掲する。

$$\left(\frac{\partial^2}{\partial x^2}+\frac{\partial^2}{\partial y^2}\right)u = \frac{1}{c^2}\frac{\partial^2 u}{\partial t^2}$$
(1.58) 再掲

これらを見比べると，1 次元から 2 次元に y 方向微分の項を加えることで，拡張できることが理解される。ここから類推されるとおり，3 次元の自由空間における波動方程式は式 (1.76) のように表される。

$$\left(\frac{\partial^2}{\partial x^2}+\frac{\partial^2}{\partial y^2}+\frac{\partial^2}{\partial z^2}\right)\phi = \nabla^2 \phi = \frac{1}{c^2}\frac{\partial^2 \phi}{\partial t^2}$$
(1.76)

ここで，3 次元の直交座標系の場合は $\nabla = (\partial/\partial x)\boldsymbol{i}+(\partial/\partial y)\boldsymbol{j}+(\partial/\partial z)\boldsymbol{k}$ であり，空間微分を表す演算子である。ただし，$\boldsymbol{i}, \boldsymbol{j}, \boldsymbol{k}$ はそれぞれ x, y, z 方向の単位べ

クトルである。導出は省略するが，これは3次元の自由空間における音波伝搬
を表すことができる。ここで関数 ϕ は速度ポテンシャルであり，3次元空間の
場合は式 (1.77) のように定義される。

$$\boldsymbol{v} = (v_x, v_y, v_z)^\mathrm{T} = -\nabla\phi \tag{1.77}$$

ここで，v_x, v_y, v_z はそれぞれ粒子速度の x, y, z 方向成分である。音圧は

$$p = \rho\,\frac{\partial\phi}{\partial t} \tag{1.49 再掲}$$

のように，1次元問題と同様に求められる。

　ここで，**図 1.24** のように，平面上の一部が分布的に振動している場合を考
える。簡単のため，振動は調和的であると仮定し角周波数 ω で正弦波的に振
動しているものとすると，音圧・粒子速度とも時間依存項は $\exp(j\omega t)$ となる。
これ以降，時間依存項 $\exp(j\omega t)$ は微分方程式の両辺に常にかかるため，時間
に関する微分は $j\omega$ で置き換え，$\exp(j\omega t)$ の表記を省略すれば，式 (1.76) は

$$\nabla^2\phi + k^2\phi = 0 \tag{1.78}$$

と表される。これはヘルムホルツ方程式と呼ばれる。ここで，k は波数であ
り，音速を c とすると

$$k = \frac{\omega}{c} \tag{1.79}$$

である。

　音源面 $z = z_0$ に振動面が存在し，その振動により音源面内の音場 $p(x, y, z_0)$

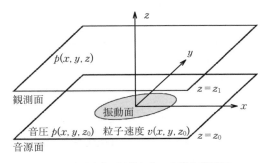

図 1.24　平面の振動が作る音場と観測面

38   1. 楽 器 の 物 理

が生成されたとき，観測面 $z=z_1$ で音圧 $p(x, y, z_1)$ を観測すると

$$p(x, y, z_1) = h(x, y, z_1 - z_0) * p(x, y, z_0) \tag{1.80}$$

と表すことができる。ここで，右辺の $h(x, y, z_1 - z_0)$ は音源面の原点に単位音圧が存在するときに座標 (x, y, z) で観測される音圧に相当する伝達関数であり，記号 $*$ は 2 次元の畳み込み積分を表す。さらに，音源面および観測面上の音圧をそれぞれ (x, y) 座標について 2 次元フーリエ変換したものを $P(k_x, k_y, z_0)$ および $P(k_x, k_y, z_1)$ とすると，フーリエ変換のコンボリューション則から

$$P(k_x, k_y, z_1) = H(k_x, k_y, z_1 - z_0) \cdot P(k_x, k_y, z_0) \tag{1.81}$$

のように関数の積となる。$H(k_x, k_y, z_1 - z_0)$ は**伝搬関数**と呼ばれ，式 (1.82) のように表されることが知られている。

$$H(k_x, k_y, z_1 - z_0) = \exp(-jk_z(z_1 - z_0)) \tag{1.82}$$

ここで，k_x, k_y, k_z は音場の x, y, z 方向の波数であり，式 (1.79) の波数 k とは

$$k^2 = k_x^2 + k_y^2 + k_z^2 \tag{1.83}$$

の関係にある。したがって，振動面から少し離れた面で音圧分布 $p(x, y, z_1)$ を観測すれば，その分布を 2 次元フーリエ変換したあとに

$$P(k_x, k_y, z_0) = \frac{P(k_x, k_y, z_1)}{H(k_x, k_y, z_1 - z_0)} \tag{1.84}$$

および 2 次元逆フーリエ変換を用いれば，振動面の音圧分布 $p(x, y, z_0)$ を求めることができる。ここで，z 方向の粒子速度は式 (1.77)，式 (1.81)，式 (1.82)，および式 (1.49) より，V_z を v_z の 2 次元フーリエ変換とすれば

$$
\begin{aligned}
V_z(k_x, k_y, z_0) &= -\frac{\partial}{\partial z}\left(\frac{H(k_x, k_y, z - z_0) \cdot P(k_x, k_x, z_0)}{j\omega\rho}\right)\Bigg|_{z=z_0} \\
&= -\frac{\partial}{\partial z}\left(\frac{\exp(-jk_z(z - z_0)) \cdot P(k_x, k_x, z_0)}{j\omega\rho}\right)\Bigg|_{z=z_0} \\
&= \frac{jk_z}{j\omega\rho}P(k_x, k_x, z_0) = \frac{k_z}{\rho c\, k}P(k_x, k_x, z_0)
\end{aligned} \tag{1.85}
$$

となる。これを 2 次元逆フーリエ変換することで粒子速度分布が得られる。

図 1.25 は，文献 9) で本手法を用いて可視化され，観測されたバイオリンのトッププレートの振動計測の図である。図（a）に示されているように，加

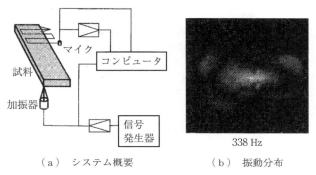

（a）　システム概要　　　　　（b）　振動分布

図1.25　バイオリンのトッププレートの振動分布計測[9]

振器を用いて 338 Hz の正弦波で駆動されたトッププレートの上部でマイクを
スキャンしながら駆動信号と音圧分布を同時に計測し，駆動信号の位相を用い
て同期検波することで観測面における複素音圧分布が観測されている。その
後，NAH 法により計算された振動分布が図（b）に示されている。固有モード
形状だけでなく，トッププレートの ƒ 字孔が見えている。これは，NAH 法を
用いることで，波長の制約を受けることなく詳細な振動分布が観測されること
を示している。

1.2.4　弦 振 動 の 計 測

〔1〕　レーザ変位計を用いる計測

　弦振動は，1.1.4項で示したように1次元波動方程式を満たすので，計測点
が1箇所であっても，計測された振動波形を弦の上に伝搬させることにより，
弦全体の振動を知ることが可能である。**図1.26** は，レーザ変位計を用いたピ
アノにおける弦振動の計測例である。レーザ変位計は測定点にレーザスポット
を照射する必要があり，弦が光軸から外れる方向に大きく振動すると弦にレー
ザ光が照射されない瞬間ができるため，弦振動の変位が弦の太さを超えるよう
な箇所を計測するのには適さない。図（a）の例では，レーザ変位計は弦の端
点近くの弦振動を計測しているため，弦の太さを超えるような大振幅にはなら
ず計測ができる。図（b）には計測された振動変位の時間波形を示した。打弦

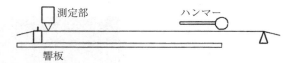

（a）　レーザ変位計を用いる弦振動の計測系

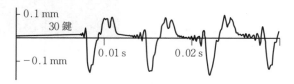

（b）　計測された振動変位波形

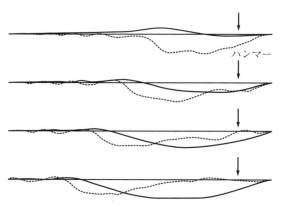

（c）　振動変位の時刻歴から推定された弦全長の振動変位および速度

図 1.26　レーザ変位計を用いるピアノ弦の振動計測[11]

の直後から周期的にパルス状の波形が観測されているほか，1 周期ごとにピークの間に見える小さな振動が増大する様子が観察されている。また，その波形から求められた弦全体の振動姿態は図（c）に示されている。

〔**2**〕　**発光ダイオードと光センサを用いる 2 次元弦振動計測**

　田中[12]により，発光ダイオード（LED）と光センサ（フォトダイオード，PD）を 2 対用いることで，弦の断面に対する 2 次元振動を計測できる手法が考案された。この手法では**図 1.27**（a）のように，LED と PD を対向させて，その光路上の約半分を弦が覆い隠すように配置しておく。このとき弦が図の上

（a）　LED と PD による弦振動計画

（b）　ピアノ弦の 2 次元振動測定系[12]

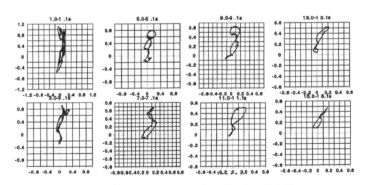

（c）　ピアノ弦における 2 次元弦振動の軌跡[12]

図1.27　光センサを用いる 2 次元弦振動計測

　下方向に振動すると，PD により受光される光量が変化するため，あらかじめ
弦の位置と PD の出力の関係を校正しておくことで，弦の縦方向位置を知るこ
とができる。さらに，この測定系を田中は図（b）の写真のように 1 本のピア

ノ弦に対して2対光軸が直交するように用いることで，弦の2次元振動を観測できるようにした。それぞれのセンサ出力を校正した上で，適当に座標変換することによって，弦の2次元振動における水平方向成分および縦方向成分を計測することができる。図（c）は，この手法で計測された弦振動であり，振動の軌跡が経過時間ごとに区切って掲載されている。ピアノ内部のハンマーにより下から上に縦方向に打たれた弦は，まず縦方向に振動し，しばらく弦振動はおもに縦方向成分のみを有する。その後，弦振動は減衰しながら徐々に振動方向が時計回りに回転しつつある様子が観測されている。これはピアノ弦において，弦振動の固有周波数がある方向とそれに直交する方向でわずかに異なり，しかもその方向が響板に対して水平・垂直ではなくわずかに傾いていることを示唆するものであり，ピアノの1本弦における二段減衰のメカニズムとも関係する。

〔3〕　**高速度カメラを用いる2次元弦振動計測**

　前述したレーザ変位計を用いる手法あるいは発光ダイオードと光センサを用いる手法は，ともに弦の太さを超えるような大振幅の弦振動を計測することは難しい。近年では高速度カメラの技術が発達し，そのフレーム速度が楽器における振動解析を行うために必要とされる周波数帯域をカバーできるようになってきた。それに伴い，弦振動を高速度カメラで撮影し，その動画を解析することで弦振動の計測を行うことが可能になった。高速度カメラを用いる場合，パターンマッチングを始めとする画像処理の手法を用いて弦の位置を画像中から探すことができるため，弦振動の振幅が弦の太さを超えるような大振幅であっても破綻することなく手法を用いることができる。また，1台のカメラでも撮影方法の工夫により単一の動画から2次元振動の情報を計測することが可能である。いくつかの方法があり，**図1.28**は鏡を用いて同じ弦を直交する2方向から見た画像として1枚の動画に撮影する手法である。計測系の概要と計測結果を図1.28に示す。前述した文献12）の田中の研究とここで説明している文献13）の長沼らの研究は異なるピアノを用いて，それぞれ独立に実施されたものであるが，打弦直後は垂直に振動し，その後振動方向が徐々に回転する様

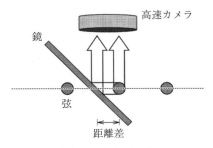

（a）　光学系の概要図

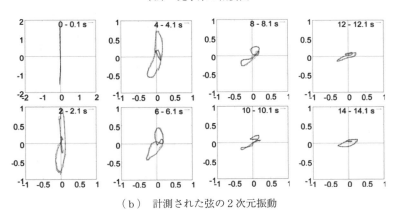

（b）　計測された弦の2次元振動

図 1.28　高速度カメラと鏡を用いる弦の2次元振動計測[13]

子がともに観測されて，少なくとも定性的には類似した結果が得られており興味深い。

　さらに，鏡を用いなくても弦にマーカを施して斜めに撮影することでも，弦の2次元振動の計測が可能である。マーカの位置はパターンマッチングで抽出するか，マーカに対して背景が十分に暗ければ，マーカ部分の重心を求めることによってもマーカ位置を求めることが可能である。この手法は，小林らにより考案され撥弦楽器であるギター弦の測定に用いられ[14]，その後，同様の手法により擦弦楽器であるチェロの弦振動計測に用いられた[15]。文献 15) において使用された計測系の概略図と計測結果を**図 1.29**に示す。図（a）のように擦弦する箇所を高速度カメラで斜めに撮影することで，画像中の縦軸と横軸が弦振

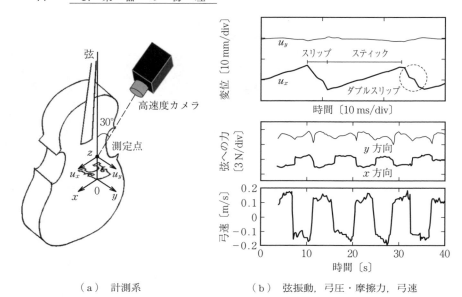

（a）　計測系　　　　　　　（b）　弦振動，弓圧・摩擦力，弓速

図1.29　高速度カメラを用いる弦振動およびボーイングの計測

動における縦方向および横方向の変位に対応する。ただし，斜めに設置せざるをえないため，縦と横では大きさのスケールが異なり，それを補正するための座標変換は必要となる。図（b）のうち，上段の図は計測された弦振動であり，擦弦による鋸歯状波が観測されている。

　なお，擦弦楽器においては弓が弦に与えている力，すなわち弓圧（法線方向）と摩擦力（接線方向）によって弦の振動中心が移動するため，マーカ位置の振動成分が弦振動を表すだけでなく，それを平滑化した情報から擦弦時の弓圧および時間平均摩擦力を推定することが可能となる。さらに，弓も同じ画像中に写り込ませることで弓速を求めることも可能である。図（b）の中段の図は，マーカ位置を平滑化することにより得られた弓圧と時間平均摩擦力である。これは奏者によるボーイングの情報が反映されるものであり，細線のプロットは弓圧に対応するものであり，弓を返す際に弓圧を小さくして音が途切れるのを防いでいる様子が可視化されている。太線のプロットは摩擦力に対応し，ボーイングの方向が入れ替わるたびに摩擦力の方向が交番する様子が可視

化されている。下段の図は弓速であり上述した弓圧が小さくなり摩擦力の方向が入れ替わる瞬間に，弓速の方向が反転している。

弓圧，摩擦力および弓速などは奏者が演奏時にどのように擦弦を行っているのか知るための重要なパラメータであり，弦振動という物理現象だけでなく，演奏者を対象とする研究にも応用できる点で興味深い。

1.2.5 人工吹鳴装置を用いる気鳴楽器の計測

気鳴楽器の計測において，吹鳴中のさまざまなパラメータ，例えば口腔内圧力や空気の流量などを計測しやすくするために，**人工吹鳴**装置を用いるほうが有効であることが多い。例えば，石橋らはダブルリード楽器であるバスーンを人工吹鳴装置によって吹鳴させ，リード振動波形やボーカル入口における音圧波形などを計測した。リード振動については，リードの左右に光源と光センサを配置し，リードの開閉に伴う受光強度の変化から計測された。バスーンの人工吹鳴装置と計測結果を**図 1.30** に示す。典型的な人工吹鳴装置は，図（a）に示すように，① エアコンプレッサ，② リザーバ，③ 減圧弁，④ 加湿器，⑤ 水，⑥ ヒータ，⑦ 圧力調整器，⑧ U 字管マノメータ（圧力計），⑨ 人工口腔，⑩ バスーンからなる。エアコンプレッサでリザーバ内に圧縮された空気は，減圧弁を通過したあと，加湿器により人の息を模擬するように加湿・加熱される。これは，吹鳴実験に用いているリードは吸湿性の材料であり，吹鳴する息の湿度と温度に依存して特性が変化するため，人による吹鳴を十分に模擬するためには空気の湿度と温度の調整が必要である[16]。この空気は，圧力調整器によって最終的な吹鳴圧力に調整され，人工口腔に導入される。

人工吹鳴の利点は人による吹鳴と異なり吹鳴条件を任意に設定しそれを計測し確認できることである。文献 16）においては，吹鳴圧力は圧力調整器から人工口腔への導入管の途中で U 字管マノメータにより計測された。図（b）は人工口腔であり，シリコーンゴム製の人工口唇にリードを挟み込むことで人による吹鳴が模擬されている。ここでリード内部の音圧はプローブマイクにより測定される。さらに，図（c）に示されているように，リードが振動する際に

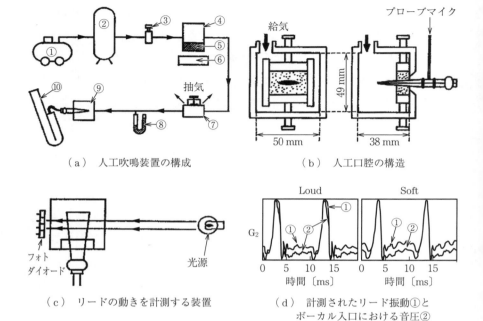

（a）　人工吹鳴装置の構成

（b）　人工口腔の構造

（c）　リードの動きを計測する装置

（d）　計測されたリード振動①と
ボーカル入口における音圧②

図1.30　バスーンの人工吹鳴装置と計測結果[16]

生じる隙間は光源とフォトダイオードにより計測された。すなわち，リード側方に置かれた光源からリードの隙間を通してフォトダイオードで受光される光量によりリードの動きが計測できる。これは図1.27で説明している弦振動計測の測定系と同様の原理によるものである。図（d）は，これらの装置により実際に観測された結果である。ここに引用している図はごく一部であるが，リード振動とリード内部の音圧はきわめて類似していることなどが見出された。

　また，楽器側にリード（振動体）をもたないリップリード楽器（いわゆる金管楽器）の研究においても人工吹鳴装置が利用される。前述のバスーンの例では，吹鳴時に呼気を断続してパルス状にする弁機構はリードであるが，リップリード楽器は人間の口唇がその役目を担う。したがって，リップリード楽器の人工吹鳴には人間の口唇を模した人工口唇が必要となる。例えば，Gilbertら

は**図1.31**（a）に示す水で満たされたラテックス管により人工口唇を作成して
人工吹鳴実験に用いた[17]。この実験では，ラテックス管の張力とマウスピース
と人工口唇の位置関係の二つのパラメータをアンブシュアの制御値とした。こ
れにより，唇の共振特性と演奏音の周波数との関係などが検討された。一方，
榎田らは，図（b）に示す機械的な開閉機構を有するアンブシュア可変機構を
有する人工口唇を作成した[18]。これはアンブシュアの一要素である開口を制御
できるものであり，吹鳴を停止させることなく動的に開口を変化させることが
できるものである。実験では，吹鳴音の吹鳴圧力と口唇の開口に対する依存性
と，変化の方向によるヒステリシスなどが観測された。

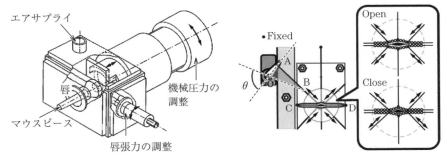

（a）　Gilbert ら[17] による水で満たされたラ　　（b）　榎田ら[18] によるアンブシュア可変
　　　テックス管を用いる人工口唇　　　　　　　　　機構を有する人工口唇

図1.31　リップリード楽器の人工吹鳴に用いられた人工口唇

引用・参考文献

1) Erich Moritz von Hornbostel und Curt Sachs: Systematik der Musikinstrumente,
   Zeitshrift für Ethnologie, **46**, pp.553–590 (1914) Eng. Trans. by A. Baines and K.
   Wachsman: Classification of Musical Instruments, Galpi Society Journal, **14**, pp.
   3–29 (1961)
2) G. V. Anand: Large ‐ Amplitude Damped Free Vibration of a Stretched String, J.
   Acoust. Soc. Am., **45**, 5, pp.1089–1096 (1969)
3) N. H. フレッチャー，T. D. ロッシング（岸　憲史，久保田秀美，吉川　茂 訳）：

楽器の物理学，シュプリンガー・フェアラーク東京 (2002)

4) T. D. Rossing, J. Yoo and A. Morrison (西口磯春 抄訳)：打楽器の音響研究の現状，日本音響学会誌，**60**, 11, pp.663-668 (2004)

5) T. D. Rossing, J. Yoo and A. Morrison: Acoustics of percussion instruments: Recent progress, Acoust. Sci. & Tech., **22**, 3, pp. 177-188 (2001)

6) T. Statsenko, V. Chatziioannou and W. Kausel: Optical Interferometry for Transient Deformation Analysis, Proc. of the 2017 International Symposium on Musical Acoustics, 18-22 June, Montreal, pp.49-52 (2017)

7) 新穂龍太郎，若槻尚斗，水谷孝一：打叩強度によるシンバルの固有モード過渡特性変化の計測，日本音響学会音楽音響研究会資料，**32**, 3, MA2013-42, pp.63-66 (2013)

8) 善甫絵理，若槻尚斗，水谷孝一，前田祐佳：タッピングされた膜面の振動モード形状の計測提示システム，日本音響学会音楽音響研究会資料，**36**, 3, MA2017-9, pp.1-6 (2017)

9) K. Nagai, M. Kondo, N. Wakatsuki and K. Mizutani: Measurement of Vibrating Violin Surfaces by Acoustical Holographic Method, Proc. of International Symposium on Simulation, Visualization and Auralization for Acoustic Research and Education, Tokyo, pp.165-170 (1997)

10) E. G. ウィリアムズ（吉川　茂，西條献児 訳）：フーリエ音響学 音の放射と近距離場音響ホログラフィの基礎，シュプリンガー・フェアラーク東京 (2005)

11) 高澤嘉光：レーザ変位計を用いたピアノ弦の振動測定とその解析，日本音響学会音楽音響研究会資料，**12**, 3, MA93-11, pp.15-20 (1993)

12) 田中秀幸：ピアノ弦振動の2次元計測による解析，博士（工学）学位論文，博甲 2362 号 (2008)

13) 長沼大介，岸　憲史，中村　勲：高速度カメラによるピアノ弦の2次元振動測定，日本音響学会音楽音響研究会資料，**28**, 4, MA2009-39 (2009)

14) 小林　透，若槻尚斗，水谷孝一：ギターの2次元振動測定，日本音響学会音楽音響研究会資料，MA2008-47, **27**, 6, pp.29-32 (2008)

15) 秋山愛美，若槻尚斗，水谷孝一：チェロにおける弓の毛の張力が弦振動及び音に及ぼす影響の観測，日本音響学会音楽音響研究会資料，**33**, 2, MA2014-5, pp.1-6 (2014)

16) 石橋雅裕，井戸川徹：バスーンにおけるリードの振動とボーカル入口音圧，日本音響学会誌，**41**, 11, pp.752-758 (1985)

17) J. Gilbert, S. Ponthus and J. F. Petiot: Artificial buzzing lips and brass

instruments: Experimental results, J. Acoust. Soc. Am., **104**, pp.1627–1632 (1998)

18)　榎田　翼, 若槻尚斗, 水谷孝一：トランペットの吹鳴における唇のアパチュアの大きさが音高に与える影響, 電子情報通信学会論文誌 A, **96**, 5, pp.197–204 (2013)

演奏音の物理

　本章では，演奏音の物理的側面を分析するために必要な手法に関して説明する。演奏音の物理的な側面の分析は，演奏音が人間に与える心理的な影響の分析や，演奏音に含まれる音楽的要素の抽出の基礎となる。特に5.3節で説明される，心理音響指標や音楽情報処理におけるパラメータを計算することと関連している。そのため，演奏音から音の大きさや高さに対応する物理量である音圧レベル，および基本周波数を測定する手法に関して説明する。

2.1　音　の　基　礎

　われわれの身の回りにはさまざまな音が存在する。その音は物理的に見ると，大気圧よりも圧力が高い部分（密）と圧力が低い部分（疎）が交互に発生し，空間中を伝搬する波動現象である。圧力変化量を音圧といい，音圧の変化幅を縦軸に，そして時間を横軸にとることで空間中のある場所で観測される音の波形を描くことができる。

　まず，単純な純音の場合，圧力変化は非常になめらかであり，**図 2.1** に示す正弦波の繰り返しによりその波形が表される。この繰り返しの区間を周期と呼ぶ。純音の圧力変化に対応する正弦波は

$$y(t) = A\sin(2\pi f t + \varphi_0) \qquad (2.1)$$

により表される。ここで，A は振幅の最大値，f は周波数，t は時刻，そして φ_0 は位相である。

　図 2.1 に示した正弦波で表される純音は最も単純な音であるが，われわれの

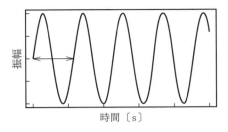

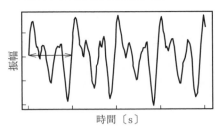

図2.1　純音の波形（矢印の区間が周期）　　**図2.2**　フルート音の波形（矢印の区間が周期）

身の回りにある音の最も基本的な音である。**図2.2**にフルート音の波形を示す。一見，複雑な形をしているが，一定の繰り返しがある。

　われわれが音を聴取した際には，音の「高さ」「大きさ」，そして「音色」を感じることができる。これを音の3要素と呼ぶ。これらは心理的なものであり，本節では音の3要素に関して物理量との対応について述べる。

　波を表す基本的な物理量には振動の速さ，振動の強さ，振動の波形がある。第一に，振動の速さは図2.2の矢印で示した周期が単位時間あたりに繰り返される回数に対応する。つまり，周波数である。第二に，振動の強さは振幅の2乗に比例する。そして，第三に，振動の波形は波の形そのものである。これら波の物理量と音の3要素を対応づけると大雑把には，高さと振動の速さ，大きさと振動の強さ，そして音色と波形である。

　振動の速さは，図2.2に示した一定の繰返し（周期）が単位時間あたりに繰り返される回数であり，これを基本周波数と呼ぶ。基本周波数が大きいほど高い音として感じることができるが，われわれ人間が感じることができる周波数の範囲は 20 Hz〜20 kHz である。

　振動の強さは，音のエネルギーの大小について用いる。音の大きさと強さの関係は，周波数と波形が同じ場合に強さが強くなると大きく聞こえるという比例関係が成り立つ。しかし，周波数が異なる場合，人間の耳の感度が周波数によって異なるため，この関係は成り立たない。

　振動の波形は，図2.2に示した波の形のことである。この波形が音色と対応するのというのは，正確には音の高さと大きさが一定の状態，つまり音の定常

状態の音色が，音を構成する成分の正弦波間の相対レベルに対応することである。音色に関しては，定常状態の正弦波間の相対レベルだけが関係しているわけではなく，振幅の時間的変化である振幅包絡やノイズ成分の有無などが関係する物理量として挙げられている[1]。

　われわれが日常的に聞く音は図 2.2 に示したように複雑な波形をしているが，一定の周期的な繰返しがある場合は，正弦波が足し合わされたものとして分析することができる。そして，特にヴァイオリンやフルートのような旋律楽器の場合，楽器音を構成する周波数成分は，基本周波数のほぼ整数倍の関係にある。最も低い周波数成分を基本音，次を第 2 次倍音，それ以降を第 3 次倍音，第 4 次倍音と呼ぶ。

　以降の節では，音の 3 要素に対応する物理量の抽出方法について説明する。

2.2　演奏音の周波数分析

　本節では演奏音を構成している周波数成分，およびその強さを求めるための周波数分析の方法について説明する。ただし，演奏音を計算機上で処理することを想定し，連続信号を標本化した離散的な標本値列を対象とする。そのため，まずは離散的な標本値列に対する周波数分析法の一つとして**離散フーリエ変換**（**DFT**：discrete Fourier transform）を説明する。これに加えて，**定 Q 変換**（**CQT**：constant Q transform）を説明する。

2.2.1　離散フーリエ変換

　時間領域において与えられた N 点の離散的な標本値列 $x(n)$ から離散的な周波数スペクトルを求めるために DFT が用いられる。

　離散フーリエ変換対は

$$X(k) = \sum_{n=0}^{N-1} x(n) \exp\left(\frac{-j2\pi kn}{N} \right) \tag{2.2}$$

$$x(n) = \frac{1}{N} \sum_{k=0}^{N-1} X(k) \exp\left(\frac{j2\pi kn}{N} \right) \tag{2.3}$$

として定義される。式 (2.2) は DFT，そして式 (2.3) は逆 DFT である。DFT
では N 点を 1 周期と考え，それが無限に繰り返すと仮定し計算を行っている。
DFT は離散的な標本値列に対する変換であるため，標本間の時間間隔とは無
関係に定義できるが，ここでは一定の標本化周期 T_s〔s〕（もしくは標本化周
波数 f_s〔Hz〕）で標本化されているものとして説明する。離散的な周波数スペ
クトルの 1 点に対応する周波数は $f = 1/(NT_s)$〔Hz〕となり，この周波数の整
数倍の間隔で離散スペクトル $\{X(k): k = 0,\ 1,\ 2,\ \cdots,\ N-1\}$ は求められる。

　DFT により得られた $X(k)$ は複素数となるため**振幅スペクトル** $|X(k)|$ は複素
数の大きさとして，**位相スペクトル** $\angle X(k)$ は複素数の偏角として，それぞれ
式 (2.4)，(2.5) のように求められる。

$$|X(k)| = \sqrt{\mathrm{Re}(X(k))^2 + \mathrm{Im}(X(k))^2} \tag{2.4}$$

$$\angle X(k) = \tan^{-1}\left(\frac{\mathrm{Im}(X(k))}{\mathrm{Re}(X(k))} \right) \tag{2.5}$$

ここで，$\mathrm{Re}(\cdot)$ は複素数の実部，$\mathrm{Im}(\cdot)$ は複素数の虚部を表す。オイラーの
公式により，$X(k)$ の実部と虚部は，それぞれ式 (2.6)，(2.7) で表される。

$$\mathrm{Re}(X(k)) = \sum_{n=0}^{N-1} x(n) \cos\left(\frac{2\pi kn}{N} \right) \tag{2.6}$$

$$\mathrm{Im}(X(k)) = -\sum_{n=0}^{N-1} x(n) \sin\left(\frac{2\pi kn}{N} \right) \tag{2.7}$$

つまり，実部は離散周波数インデックス $k = N/2$ について線対称の関係にあ
り，虚部は離散周波数インデックス $k = N/2$ について点対称の関係にある。
よって，振幅スペクトルは $k = N/2$ に関して線対称であり，位相スペクトル
は $k = N/2$ に関して点対称となる。例としてフルート音を DFT し，振幅スペ
クトルを求めた結果を**図 2.3** に示す。この例では $N = 1\,024$ で計算しているた
め，$k = 512$ 点目において線対称となっている。つまり，演奏音に含まれる周
波数成分やその強さを分析するため場合，$k = 512$ 点目までの振幅スペクトル
を用いる。

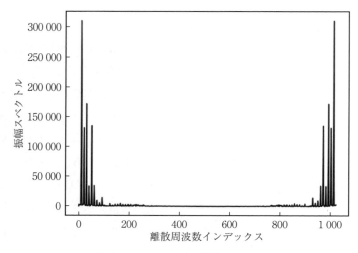

図2.3 フルート音の振幅スペクトル

　ここで，演奏音などのスペクトル解析をする際には，式 (2.2) で定義される DFT は計算量が多いため，実用上は式 (2.2) の計算を高速に行えるアルゴリズムの**高速フーリエ変換**（**FFT**：fast Fourier transform）が用いられる。FFT では，データ点数 N を 2 の整数ベキにした場合に計算の効率が最も良く，乗算回数で比較すると DFT は N^2 回，FFT は $N(\log_2 N)/2$ 回である。この例では $N=1\,024$ で FFT を利用しているため，乗算回数は $5\,120$ 回であり，DFT の乗算回数 2^{20} 回よりも大幅に低減する。

2.2.2　短時間フーリエ変換による演奏音の分析

　時間的に基本周波数など音響的特徴が変化する演奏音に対して，その変化を追跡するために，**短時間フーリエ変換**（**STFT**：short time Fourier transform）が用いられる。STFT は，演奏音の信号波形を短時間の**時間窓**により切り出して 1 回あたりの分析区間長を短くし，時間軸に沿って一定の時間間隔ごとに時間窓をシフトしながら DFT（実用上は FFT）を繰り返す処理である。STFT により**図2.4**に示すスペクトログラムを得ることができる。スペクトログラムは

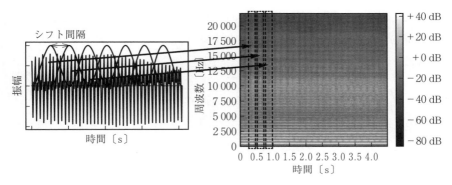

図 2.4　短時間フーリエ変換によるスペクトログラムの生成

横軸が時間，縦軸が周波数，色の明暗により強さを表している。

　STFT を行う場合，まずは時間窓を選択する必要がある。DFT は N 点を 1 周期として処理するため，1 周期の両端で振幅値が不連続にならないようにする必要がある。そのため，窓関数は両端でその振幅値が 0，もしくはほとんど 0 である必要がある。時間領域において窓関数をある信号に掛け合わせる処理は

$$y(n+m) = w(m)x(n+m) \quad 0 \leqq m \leqq M-1 \tag{2.8}$$

と表される。ここで，M は時間窓の長さを表す。代表的な窓関数として矩形窓，ハニング窓，ハミング窓などがある。

$$矩形窓：w_R(k) = 1 \tag{2.9}$$

$$ハニング窓：w_N(k) = 0.5\left(1 + \cos\left(\frac{2\pi k}{N}\right)\right) \tag{2.10}$$

$$ハミング窓：w_M(k) = 0.54 + 0.46\cos\left(\frac{2\pi k}{N}\right) \tag{2.11}$$

　窓関数の振幅スペクトルはある周波数を中心として周波数方向に広がりをもち，メインのピークだけではなく，その周囲にレベルの低いサイドローブが存在する。主要なメインのピークを正しく得るためには，窓関数のメインローブの幅が狭く，サイドローブのレベルが低いことが望まれる。

　次に，時間窓の長さと時間窓のシフト間隔を決める必要がある。一般的に 1 回の分析区間の長さは定常性が仮定できる程度とし，分析のシフト間隔については

時間変化の速さをもとに決定する。時間窓の長さを決定する際は，**不確定性原理**にも留意する必要がある。時間窓で区切る時間長（時間分解能）を Δt とし，周波数を区切る間隔（周波数分解能）を Δf とすると，これらの関係は

$$\Delta f = \frac{1}{\Delta t} \tag{2.12}$$

となる。演奏音の周波数特性を詳細に分析するためには時間分解能も周波数分解能もともに小さくできることが理想である。しかし，両者には反比例の関係があるので，一方を小さくするともう一方が大きくなるトレードオフの関係があり，これを不確定性原理と呼ぶ。

2.2.3 定 Q 変換による演奏音の分析

演奏音の周波数分析を考えた場合，DFT により得られる周波数成分は必ずしも演奏音の周波数成分を表すのに効率的ではない。まず，DTF を用いた周波数分析は，すべての周波数に対して同じ時間窓の長さを使用している。そのため，時間窓の長さによっては，高い周波数では十分な周波数分解能を得られても，低い周波数では十分な周波数分解能を得られないことがある。次に，DFT では一定の周波数間隔で周波数成分が計算される。しかし，平均律音階の各音高の周波数成分は高周波数では音高の間隔が広くなっているため，DFT の周波数配置との対応が必ずしも良くない。そこで，演奏音の周波数分析に適した変換として，音高が高くなるごとに時間窓長を短くする CQT が提案された。

CQT は式 (2.13) により計算される。

$$X^{\mathrm{CQT}}(k) = \sum_{n=0}^{N(k)-1} W(k, n)x(n)\exp\left(\frac{-j2\pi Qn}{N(k)}\right) \tag{2.13}$$

ここで，Q は分析する周期の数であり，すべての周波数で同じ数である。$W(k, n)$ は窓関数であり，その長さは周波数ごとに異なり $N(k)$ により定義される。窓関数の形状は式 (2.9) 〜 (2.11) が用いられる。

図 2.5 に DFT と CQT により得られたスペクトログラムを示す。ただし，CQT は最低周波数を 32 Hz と設定し，8 オクターブ分の周波数範囲を示してい

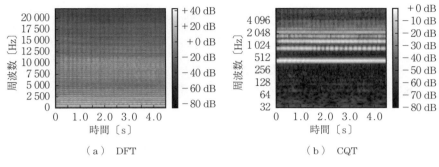

図2.5 DFTとCQTにより得られたスペクトログラム

る。前述のようにDFTではすべての周波数で同じ周波数分解能になっている。一方で，CQTでは特に低周波数部分において周波数分解能が高くなっていることがわかる。CQTのパラメータの設定について詳しくは，文献2）を参照されたい。

2.3 音圧レベルの測定

ここでは，音の大きさに対応する物理量としての音圧レベルを測定する方法について説明する。ある音を聞いた際に人間がどの程度の大きさに聞こえるかという感覚に関する内容は第3章にゆずる。

2.3.1 音圧レベルとは

音圧を表す場合に，媒質中のある観測点における瞬間的な静圧からの圧力変化を表す場合と，瞬間的な静圧からの圧力変化を一定時間内で2乗平均し平方根をとった実効値を表す場合がある。一般的には，後者の実効値のものを指す。年齢や周波数に依存するが，人間の最小可聴音は，音圧で$20\,\mu\mathrm{Pa}$程度である。また，最大可聴音は，$20\,\mathrm{Pa}$程度であるため，10^6もの広範囲の値の変化を扱うことになる。そのため，一般的には音圧ではなく，式（2.14）に示すように，最小可聴音の音圧との比率を対数とした**音圧レベル**〔dB〕が用いら

れる。

$$L_p = 20 \log_{10} \frac{p}{p_0} \ \text{〔dB〕} \tag{2.14}$$

ここで，$p_0 = 20 \ \mu\text{Pa}$ である。**図 2.6** にわれわれの身の回りの音の音圧と音圧レベルを示す。

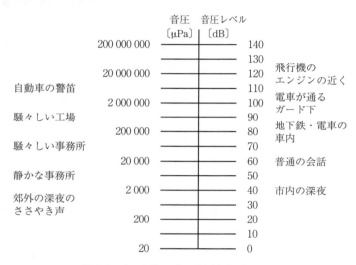

図 2.6　身の回りの音の音圧と音圧レベル

2.3.2　サウンドレベルメータ（**騒音計**）による音圧レベルの測定

音圧レベルの測定には一般的には**サウンドレベルメータ**（騒音計）が用いられる。騒音計は，計量法に定める法定計量器であり，測定精度の違いにより「精密騒音計」（JIS C 1509-1[3]におけるクラス 1 に相当）と「普通騒音計」（JIS C 1509-1 におけるクラス 2 に相当）に分けられる。本項では，おもに JIS C 1509-1 に準拠した用語を用いる。JIS C 1509-1 によると，サウンドレベルメータでは，時間重み付きサウンドレベル，時間平均サウンドレベル，または音響暴露レベルのいずれかが測定できればよい。これらの量を測定する際に，周波数重み特性および時間重み特性が考慮されている。

人間の耳の感度は，等ラウドネスレベル曲線（ISO 226:2003[4]）で表されるよ

うに周波数により異なる。等ラウドネスレベル曲線については3.1.1項を参照されたい。そのため，同じ音圧レベルであっても周波数により音の大きさが異なって感じられる。サウンドレベルメータでは，人間の知覚に合わせた音の大きさを測定できるように，周波数補正を行っている。周波数重み特性としては，A特性，C特性，Z特性などがある。現在，騒音の測定にはA特性が使われており，聴覚特性を考慮しない純粋な音圧レベルを測定したい場合はC特性，もしくはさらに広い周波数で平坦（Flat）な特性をもつZ特性を用いて測定を行う。A特性，C特性，およびZ特性を**図2.7**に示す。

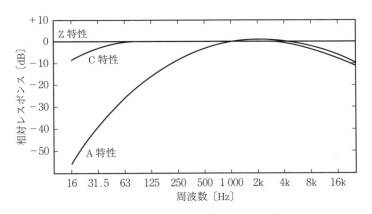

図2.7　周波数重み特性（ISO 226:2003）

　次に，時間重み特性は，応答の速さを規定したものであり，時間重み特性F（速い）の時定数は0.125 s，時間重み特性S（遅い）の時定数は1 sである。

　時間重み付きサウンドレベルは，ある周波数重み特性を用いて求めた音圧の2乗にある時間重み特性により重みづけした値の，最小可聴音に対する比の常用対数を20倍したものである。時刻tにおけるA特性時間重み付きサウンドレベルは，式 (2.15) により表される。

$$L_{A\tau}(t) = 20\log_{10}\left\{\left[(1/\tau)\int_{-\infty}^{t}p_A^2(\xi)e^{-(t-\xi)/\tau}d\xi\right]^{1/2}\bigg/p_0\right\} \text{〔dB〕} \tag{2.15}$$

ここで，τは時間重み特性の時定数〔s〕，$p_A^2(\xi)$は時刻ξにおける瞬時A特性音圧である。式 (2.15) で表されるA特性時間重み付きサウンドレベルは騒音

レベルとも呼ばれる。

次に，時間平均サウンドレベルは，ある一定時間内 T の騒音の全エネルギーの時間平均値をレベル化した値である。特に，周波数重み特性として A 特性を用いた A 特性時間平均サウンドレベルは等価騒音レベルとも呼ばれ，式 (2.16) で表される。

$$L_{Aeq,\,T} = 10\log_{10}\left[\frac{\int_{t_1}^{t_2} p_A^2(t)dt}{p_0^2 T}\right] \text{〔dB〕} \tag{2.16}$$

そして，音響暴露レベルは，単発的に発生する雑音の全エネルギーと等しいエネルギーをもつ継続時間 1 秒の定常音の時間平均サウンドレベルに換算した値である。特に，周波数重み特性として A 特性を用いた A 特性音響暴露レベルは単発騒音暴露レベルとも呼ばれ，式 (2.17) で表される。

$$L_{AE} = 10\log_{10}\left[\frac{\int_{t_1}^{t_2} p_A^2(t)dt}{p_0^2 T_0}\right] \text{〔dB〕} \tag{2.17}$$

ここで，T_0 は 1 s である。

実際に楽器の音を測定する際には，騒音計を測定環境に持ち込み三脚などで固定する必要がある。しかし，騒音計自身やその設置方法により，音場の乱れが生じ，測定値に影響を与える。測定者がマイクロホンを手に持って測定した場合の測定値への影響および三脚への設置方法による測定値への影響[5),6)]が報告されており，測定に際しては三脚も含め周囲の反射物に注意が必要である。また，楽器から放射される音はその周波数により空間への放射特性が異なる。つまり，方向によって観測される周波数特性が異なる。このような性質を楽器の指向周波数特性と呼ぶ。指向周波数特性は，音圧レベルの測定だけでなく，楽器音の収録においても考慮すべきものである。詳しくは文献 7) を参照されたい。

2.3.3　サウンドレベルメータの校正

サウンドレベルメータでは音という目に見えないものを測定しているため，その表示値が正確であるかどうかを確かめる必要がある。そのためにマイクロ

ホンも含めた定期的な校正が必要となる。校正には通常，JIS C 1515[8]に規定
されたピストンホン（音響校正器）が用いられる。ピストンホンは一定周期の
機械振動により基準音圧を発生させる。例えば，250 Hz において 114 dB の音圧
を発生させるものや，1 kHz において 94 dB を発生させるものがある。ピスト
ンホンを騒音計のマイクロホンに接続し，基準音圧を発生させサウンドレベル
メータの指示値が基準音圧と同じであるかを確認する。その際，サウンドレベ
ルメータの周波数重み特性は Z 特性，もしくは C 特性に設定する。簡易的に校正
する方法として，サウンドレベルメータに内蔵された校正用の電気信号（1 kHz
の正弦波）を用いる方法もある。ただし，JIS C 1509-1 では，サウンドレベル
メータの校正の手段として JIS C 1515 に適合した音響校正器を用いることが規
定されている。サウンドレベルメータの校正に関してより詳細には文献 9)，
10) を参照されたい。

2.4 基本周波数の推定

　楽器音の高さに関する物理量である基本周波数の推定は，自動採譜や楽器の
練習支援，音源分離，音楽検索などの音楽情報処理へ応用する場合に必要とな
る。本節では，基本周波数を推定する信号処理技術について時間領域での方法
と周波数領域での方法に分類し説明する。ただし，ここでは単一音を対象とし
て説明する。多重音の場合であっても，音源分離などの技術により分離可能で
あれば単一音に対する基本周波数推定と等価となる。そのため，多重音に対す
る基本周波数推定手法は，音源分離手法と密接に関係している。多重音を対象
とした方法については文献 11) ～16) などを参照されたい。

2.4.1 時間領域での推定

　基本周波数は 2.1 節で説明したとおり，演奏音の波形において一定の波形が
単位時間あたりに繰り返される回数である。時間領域においては，この波形の
繰返しに注目して基本周波数が推定される。

〔1〕 ゼロクロス法

ゼロクロスとは，波形の振幅値が正から負もしくは負から正へと変化している点，つまり時間軸において振幅値が零と交差する点もしくは一定の区間内で振幅値が零と交差する回数のことである。ゼロクロスは音響信号に含まれるノイズの量を表す指標として知られている。一定の区間内で振幅値が零と交差する回数の算出式を式 (2.18) に示す。

$$Z = \sum_{n=\chi}^{n=\chi'} \theta \begin{cases} 1(x(n)x(n+1) < 0) \\ 0(x(n)x(n+1) > 0) \end{cases} \tag{2.18}$$

ここで，$x(n)$ は第 n 番目のサンプル値，χ は分析フレームの開始時刻，χ' は分析フレームの終了時刻，θ は 0 との交差の有無を表している（交差ならば 1，そうでなければ 0）。

ゼロクロス法は繰り返している波形を検出する方法であり，例えば**図 2.8**（a）に示すようにバイアス成分がなく単純な波形の場合，振幅が正から負に変化する零交差点の間隔はほぼ一定であり，その 2 倍の時間が周期となる。単旋律の場合，基本的には基本周波数の推移，すなわちメロディに関する情報を示す。通常の音楽のように複数の音高の音が同時に鳴っている場合，図（b）に示すように連続する零交差点間隔は必ずしも一定にならない。

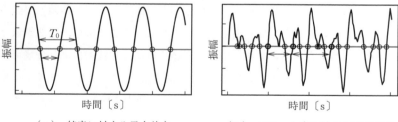

（a） 純音に対する零交差点　　　（b） フルート音に対する零交差点

図 2.8 純音およびフルート音の零交差点

そこで，単純にゼロクロス値を用いるのではなく，ある一定の時間内に存在する零交差点から 3 点を取り出し，その 3 点の 1 点目と 2 点目および 2 点目と 3 点目の零交差点間隔が等しくなる間隔を求めることで基本周期を推定するこ

とが可能になると考えられる。例えば，音声の例ではあるが，零交差点を用い
た具体的な基本周波数検出法に関しては文献 17) を参照されたい。

〔2〕 自 己 相 関 法

　繰り返している波形を検出するために**自己相関関数**を用いる方法である。自
己相関関数はある一つの波形において，時間遅れのない波形とある一定時間遅
れを有する波形の類似度を表すものである。分析対象の楽器音の時刻によって
変化する基本周波数を推定するためには，分析対象の信号を短時間の信号に区
切って自己相関関数を求める必要がある。文献18) において自己相関関数は

$$A_n(m) = \frac{1}{N} \sum_{l=0}^{N'-1} [x(n+l)w(l)][x(n+l+m)w(l+m)] \tag{2.19}$$

により定義されている。ここで，m は時間遅れ（ラグ）を表し，l は自己相関
関数の計算を開始するサンプルのインデックス，Nは解析する区間の全データ
点数を表し，N' は $N-m$ で求まる自己相関関数を計算するデータ点数，w は
窓関数を表す。時間遅れ m に関しては $0 < m < M_0$ の範囲で変化させる。時
間遅れの範囲 M_0 は解析対象の音の最低基本周波数の周期をもとに決定し，
Nは分析対象の音の基本周波数に依存するため，適応的に決定することが望ま

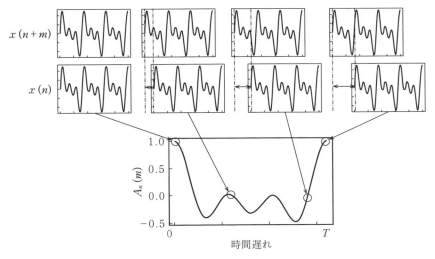

図 2.9　自己相関法による自己相関関数の計算例

しい[18]。

　時間遅れ 0 における自己相関関数 $A_n(0)$ は同じ波形の平方和となるため，この値が 1 になるように $A_n(\tau)$ を $A_n(0)$ で割ることにより正規化して用いる。フルート音の波形について窓関数を矩形窓に設定し，自己相関関数を求めた例を**図 2.9** に示す。自己相関関数から基本周波数を求める場合は，ある一定以上の値をもつピークの間隔をもとに求める。図の例の場合，$m = 0$ で自己相関関数が最大となり，周期 T に対応する時間遅れ m において再び自己相関関数がほぼ 1 となるピークが現れる。

2.4.2　周波数領域での推定

　多くの楽器音は前述のとおり，単一の周波数成分で構成される純音ではなく，複数の周波数成分により構成される。そして，その周波数成分は基本周波数成分に対してほぼ整数倍の関係にある成分である。つまり，周波数領域において楽器音の基本周波数成分および倍音成分は，大きな振幅スペクトルとして現れると考えられる。

〔1〕　スペクトルのピーク抽出

　周波数領域における基本周波数推定法として，パワースペクトルがピークとなる周波数を用いる方法がある。調和性の高い楽器は基本周波数，およびそのほぼ整数倍の周波数において大きなパワースペクトルをもつことを仮定し，ある一定以上の大きさとなるパワースペクトルのピークを検出する。そして，それらのピークが現れる周波数のうち，最も低い周波数を基本周波数として推定する。あるいは，ピークの周波数間隔を求めることで基本周波数を推定する。

　ただし，この推定方法の場合，サンプル点のピークがパワースペクトルの実際の最大値とは必ずしも一致しないため，単純にピーク点を用いて基本周波数を推定すると誤差が発生する。そのため，サンプル点の間を補間することにより実際の最大値を求め，その周波数を基本周波数とする（2.4.3 項を参照）。

〔2〕　ケプストラム法[19]

　楽器音を DFT して得られた振幅スペクトルについて対数をとったものの逆

DFT を**ケプストラム**（cepstrum[†1]）と呼ぶ。ケプストラムは，振幅スペクトル上での調波構造に関する情報と，スペクトル包絡に関する情報を分離するのに有効である。そして，分離された調波構造に関する情報をもとに基本周波数を推定する手法がケプストラム法である。

図2.10にケプストラム法の処理の流れを示す。ケプストラム法では，まず楽器音を DFT し，周波数領域に変換する。そして，得られた振幅スペクトルについて対数をとることで対数パワースペクトルを求める。この対数パワースペクトルを逆 DFT することでケプストラムが求まるが，DFT でもその意味は同一である。対数パワースペクトルを（逆）DFT することで，周波数領域からケフレンシ（quefrency[†2]）領域に変換される。ケフレンシは時間の次元をもつ。ここで，対数パワースペクトル上において調波構造に関する情報は，基本周波数に対応する間隔で高調波が並んでおり，包絡に関する情報は調波構造に関する情報と比較するとゆっくりとした変化となる。つまり，ケプストラムを対数パワースペクトルの周波数分析結果と考えると，調波構造に関する情報

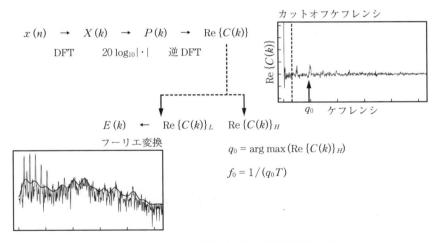

図2.10 ケプストラム法による基本周波数推定の流れ

---

†1 spectrum の spec を反転した造語である。
†2 frequency の fre と que を並べ替えた造語である。

は高ケフレンシ領域にピークとして現れ，包絡に関する情報は低ケフレンシ領域に現れる。この性質を利用し，あるケフレンシ（カットオフケフレンシ）において，ケプストラムを分割し，カットオフケフレンシ以上のケフレンシにおける値を 0 とした低ケフレンシ領域を（逆）DFT することでスペクトル包絡が求まり，高ケフレンシ領域においてピーク値となるケフレンシを求め，サンプリング周期をかけて逆数をとることで基本周波数が求まる。

2.4.3 基本周波数の推定精度

前項までで述べた基本周波数推定法では，振幅値が零と交差する点やピーク点を求める必要がある。しかし，ディジタルデータの場合，サンプリングされた離散点であるため，最大の値をもつ離散点が実際の最大値とは限らない。その結果，基本周波数の推定値に対する誤差が現れることになる。実際の最大値（ピーク値）を求める場合に，周辺のサンプル点を利用し 2 次関数による補間やスプライン補間などが行われる。例えば，2 次関数で補間する場合，最大値をとるサンプル点とその前後 2 点を通る 2 次関数を求め，その関数の最大値を真の最大値とする。

基本周波数推定に対する誤差の原因は前述のもの以外に，補間関数に起因するもの，波形の切り出しの結果として現れるスペクトルの漏れに起因するもの，量子化に起因する波形の歪み，雑音成分に起因する波形の歪み，分析区間内での変動が知られている。これらの影響の程度や対処方法に関しては文献20）を参照されたい。

2.5　解析信号による音楽音響信号の分析

解析信号は，そのスペクトルの負の周波数成分が 0 となる複素信号である。解析信号を用いることにより信号の振幅，および位相が時間の関数として表現され，信号の**包絡線**（包絡線から得られる音響情報に関しては 5.3.2 項を参照）や**瞬時周波数**を得ることが可能となる。

実信号を $x(t)$ とすると解析信号（複素信号）$z(t)$ は

$$z(t) = x(t) + jH[x(t)] \qquad (2.20)$$

と表される。ただし，j は虚数単位を表し，$H[\cdot]$ はヒルベルト変換を表す。
ここで，ヒルベルト変換は与えられた信号の位相を 90 度シフトさせる変換である。解析信号 $z(t)$ の周波数スペクトルを $Z(j\omega)$ とし，演奏音（例えば，フルート音）$x(t)$ の周波数スペクトルを $X(j\omega)$ とすると，$Z(j\omega)$ は

$$Z(j\omega) = \begin{cases} 2X(j\omega) & \omega > 0 \\ X(j\omega) & \omega = 0 \\ 0 & \omega < 0 \end{cases} \qquad (2.21)$$

と表される。そして，$Z(j\omega)$ の逆 DFT を行うことで解析信号 $z(t)$ が得られる。
式 (2.20) の $z(t)$ は複素信号であることから，各時刻の絶対値 $a(t)$ と位相角 $\varphi(t)$ を用いて

$$z(t) = a(t)e^{j\varphi(t)} \qquad (2.22)$$

と表される。ただし，$a(t)$ と $\varphi(t)$ は，複素数 $z(t)$ を用いて式 (2.4) と式 (2.5) と同様に求められる。なお，$a(t)$ は包絡線と呼ばれる。

　式 (2.22) より，解析信号を用いた分析法は単一の搬送波から構成された信号に対して適用できるが，フルート音のように調波構造を有する音はそのまま取り扱うことはできない。そこで，バンドパスフィルタを用いて，個々の倍音成分（$x_i(t) : i = 1, 2, 3, \cdots$）に分解することで $x_i(t)$ を解析信号化する。ここで，バンドパスフィルタの中心周波数は各倍音の周波数とし，バンド幅は基本周波数とする。倍音分離をしたあと，各倍音 $x_i(t)$ を解析信号化することで $z_i(t)$ を得る。そして，位相角 $\varphi_i(t)$ を計算し，式 (2.23) のように，その時間微分により瞬時周波数が計算できる[21]。

$$f_i(t) = \frac{1}{2\pi} \frac{d\varphi_i(t)}{dt} \qquad (2.23)$$

ただし，プログラムによりこの計算を行う際は，差分を計算する前に位相角の unwrap 処理が必要となることに注意する。例えば，Python の numpy.arctan2 を使って位相角を計算する場合，$-\pi$ から $+\pi$ の範囲で計算されるため，$-\pi$

から $+\pi$，もしくはその逆方向に位相角のジャンプが起こる。この位相角のジャンプが起こらないように numpy.unwrap を使って unwrap 処理を行ったあと，差分を計算する。

2.6　ヴィブラートの測定

ヴィブラートは演奏表現として演奏者によりかけられるものであるが，ヴィブラートをかけることのできる楽器ではヴィブラートをかけた演奏音のほうが自然であるといえる。例えば，フルートではプロ奏者にヴィブラートをかけずにロングトーンを吹奏するように指示をしても，無意識的にヴィブラートがかかっていることがある。また，歌声においても合成音にヴィブラートをかけることでより人間らしい歌声に聞こえるということも報告されている[22]。

2.6.1　ヴィブラートのパラメータ

演奏音におけるヴィブラートを検出・測定する際に抽出すべきおもなパラメータは，振動の周波数（周期）および振幅である。これらの抽出方法について説明する[23]。

ここでは，吹奏音の基本周波数がヴィブラートにより変調され変動するものとして説明する。前節までで説明した基本周波数推定法などを用いて短時間のフレームごとに基本周波数を推定する。これにより，基本周波数の時系列を得ることができる。得られた基本周波数の時系列データに対してヴィブラートのパラメータである周期 T_i，および振幅 A_i を**図 2.11** に示す。なお，図中の○は基本周波数の変化率が 0 となる時刻である。

まず，周期 T_i に関しては，T_i に関わる基本周波数の変化率が 0 となる時刻を t_i，t_{i+1}，t_{i+2} とすると

$$T_i = t_{i+2} - t_i \tag{2.24}$$

により求められる。次に，振幅 A_i に関しては，基本周波数の時系列データの時刻 t_i と t_{i+2} の 2 点を通る直線上の時刻 t_{i+1} における周波数と，時系列データ

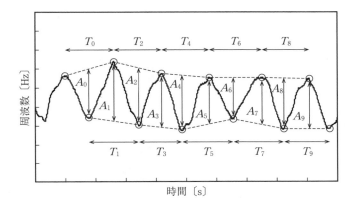

図 2.11 基本周波数の時系列データとして得られたヴィブラートの
周期と振幅

の時刻 t_{i+1} における基本周波数との差により求められる。

$$A_i = \left| \frac{t_{i+1} - t_i}{t_{i+2} - t_i} (f_{i+2} - f_i) + (f_i - f_{i+1}) \right| \qquad (2.25)$$

ここで, f_i, f_{i+1}, f_{i+2} はそれぞれ時刻 t_i, t_{i+1}, t_{i+2} における時系列データ上の
基本周波数である。

　ヴィブラートの振動周波数に関しては得られた時系列データを波と考え, 1
秒間あたりの振動数を測定することでも求まる。この操作は離散フーリエ変換
により実行することができる。**図 2.12** にヴィブラートのかかったフルート音

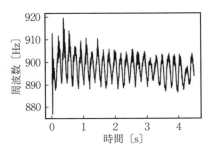

図 2.12 ヴィブラートのかかったフルー
ト音から推定した基本周波数系列

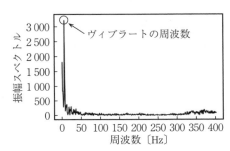

図 2.13 基本周波数の時系列に対する
離散フーリエ変換結果

から基本周波数の時系列を推定した結果を示す。そして，**図 2.13** に基本周波数の時系列から離散フーリエ変換により振幅スペクトルを計算した結果を示す。この例の場合であれば 5〜6 Hz 周辺に振幅スペクトルのピークが現れている。

2.6.2 各倍音のヴィブラート測定

前項では基本周波数を対象としたヴィブラートのパラメータの測定方法について説明した。しかし，ヴァイオリンなどの楽器では，ヴィブラートがかかることによりヴィブラートがかかっていない場合の音と比較してスペクトルの構造が変化する。具体的にヴァイオリンはヴィブラートの有無により調和性からのずれが異なる[24]。ヴィブラートがかかることにより調和性からのずれが大きくなり，各倍音の周波数の変動の独立性が高くなる。そのため，楽器の発音原理の分析や演奏音の物理的特性を知るためには，基本周波数のヴィブラートだけではなく，各倍音に関してヴィブラートによる周波数変動を調べることも重要となる[23]。

前節で説明した解析信号の適用例として，演奏音の帯域ごとの振幅包絡を求め，ヴィブラートによる変動などを調べることを目的としたものがある[25],[26]。ここでは，吹奏音の基本周波数は既知もしくは推定済みとして説明する。前述のとおり，解析信号を用いた分析法は単一の搬送波からなる信号に対して有効であるため，基本周波数 f_0，およびその整数倍の周波数を中心周波数とするバンドパスフィルタにより帯域分割を行う。通過帯域幅は各バンドパスフィルタに対して基本周波数とし，$f_c - f_0/2 \leq f \leq f_c + f_0/2$ である。ここで f_c は中心周波数である。そして，帯域分割した各信号に対して前節に示したように，DFT を行ったのち，式 (2.21) の計算を行い，逆 DFT を行うことで解析信号を得る。その後，解析信号の（複素信号）の大きさを求めることで包絡線を得る。**図 2.14** に基本周波数の帯域の信号，および第 2 倍音の帯域の信号を対象として包絡線を求めた結果を示す。

図 2.15 に基本周波数帯域の瞬時周波数を求めた結果を示す。瞬時周波数の変化はヴィブラートによる基本周波数の変化に対応しており，DFT により周

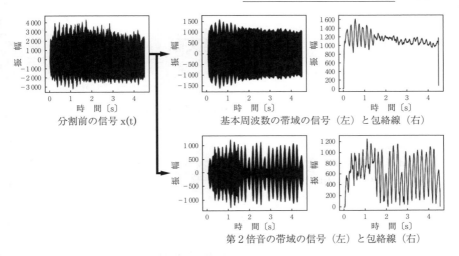

図 2.14 帯域分割を行った信号に対する包絡線

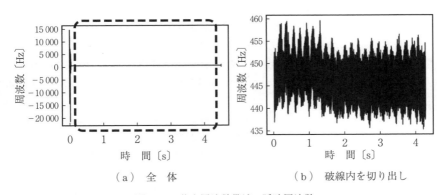

図 2.15 基本周波数帯域の瞬時周波数

波数分析をすることでヴィブラートの周波数を求めることができる。ただし，図（a）の瞬時周波数の計算結果には，分析区間の両端において大きな誤差がある。これは，無限に続くヒルベルト変換のインパルス応答を有限時間で切り出したことに起因する誤差である。離散的な処理ではこの誤差は避けられないものであるが，分析区間の中央では十分な分析精度が得られている（図（b））。詳しくは文献 27）を参照されたい。

引用・参考文献

1) 日本音響学会 編，岩宮眞一郎 編著，小澤賢司，小坂直敏，山内勝也，高田正幸，藤沢 望 著：音色の感性学－音色・音質の評価と創造，コロナ社 (2010)

2) J. C. Brown: Calculation of a constant Q spectral transform, J. Acoust. Soc. Am., **89**(1), pp.425-434 (1991)

3) 日本工業標準調査会：電気音響－サウンドレベルメータ（騒音計）－第1部：仕様 [JIS C 1509-1] (2005)

4) International Organization of Standardization: Acoustics -- Normal equal-loudness-level contours [ISO 226:2003] (2003)

5) K. Zaveri: Influence of Tripods and Microphone Clips on the Frequency Response of Microphones, B&K Technical Review No.2 (1969)

6) P. Hedegaard: The Free Field Calibration of a Sound Level Meter, B&K Technical Review No.4 (1985)

7) 安藤由典：新版 楽器の音響学，音楽之友社，pp.247-268 (1996)

8) 日本工業標準調査会：電気音響—音響校正器 [JIS C 1515] (2004)

9) George S. K. Wong and Tony F. W. Embleton: AIP HANDBOOK OF CONDENSER MICROPHONES Theory, Calibration, and Measurements, American Institute of Physics (1994)

10) Brüel&Kjær: Technical Documentation Microphone Handbook volume 1, http://www.bksv.jp/doc/be1447.pdf (1996) (2023年11月現在)

11) 白土　保：二重奏音からの基本周波数分離抽出，日本音響学会誌，**54**, 10, pp.715-719 (1998)

12) 岡部俊一，塚原悠太，大田健紘，青木正和：高調波成分の畳み込みによる多重音に対する基本周波数推定に関する研究，日本音響学会2014年春季研究発表会，pp.435-436 (2014)

13) 高橋佳吾，西村卓也，嵯峨山茂樹：対数周波数逆畳み込みによる多重音の基本周波数解析，情報処理学会研究報告，2003-MUS-53, pp.61-66 (2003)

14) 亀岡弘和，齊藤翔一郎，西本卓也，嵯峨山茂樹：Specmurtにおける準最適共通調波構造パターンの反復推定による多声音楽信号の可視化とMIDI変換，情報処理学会研究報告，2004-MUS-56, pp.41-48 (2004)

15) 亀岡弘和，西本卓也，篠田浩一，嵯峨山茂樹：ハーモニック・クラスタリングによる多重音の基本周波数推定アルゴリズム，日本音響学会平成15年春季

研究発表会講演論文集，3-7-3, pp.837-838（2003）

16) R. Badeau, V. Emiya and B. David: Expectation-maximization algorithm for multi-pitch estimation and separation of overlapping harmonic spectra, 2009 IEEE ICASSP, pp.3073-3076（2009）

17) N. C. Geckinli and D. Yavuz: Algorithm for pitch extraction using zero-crossing interval sequence, IEEE Transactions on Acoustics, Speech, and Signal Processing, **ASSP-25**, 6, pp.559-564（1977）

18) L. Rabiner: On the use of autocorrelation analysis for pitch detection, **ASSP-25**, 1, pp.24-33（1977）

19) A. M. Noll: Short-Time Spectrum and "Cepstrum" Techniques for Vocal-Pitch Detection, J. Acoust. Soc. Am., **36**, 2, pp.296-302（1964）

20) 加藤充美：音楽の高精度なピッチ周波数の測定方法について，音楽音響研究会，MA95-55, pp.1-7（1995）

21) William M. Hartmann: Signals, Sound and Sensation, AIP-Press（1998）

22) T. Saitou, M. Unoki and M. Akagi: Extraction of F0 dynamic characteristics and development of F0 control model in singing voice, Proc. ICAD2002, pp.275-278（2002）

23) T. Nakano, M. Goto and Y. Hiraga: An automatic singing skill evaluation method for unknown melodies using pitch interval accuracy and vibrato features, In Proc. Interspeech 2006, pp.1706-1709（2006）

24) 加藤充美：持続性楽器音の調和性について，日本音響学会平成15年春季研究発表会講演論文集，2-5-9, pp.625-626（1996）

25) A. Nishimura, M. Kato and Y. Ando: The relationship between the fluctuations of harmonics and the subjective quality of flute tone, J. Acoust. Soc. Jpn. (E), **22**, pp.227-238（2001）

26) 大田健紘，平野　諒，青木正和：フルート音の自動音質評価のための特徴量について，音楽音響研究会，MA2011-73, pp.13-18（2012）

27) 加藤充美，西村　明，安藤由典：時変FIRフィルタを用いたフルート音の分析，情報処理学会研究報告，2001-MUS-44, pp.65-70（2002）

演奏に関わる心理

　楽器演奏において，どのように楽器を演奏すると，聴取者へどのような音楽的印象あるいは感情を与えることができるのかを知ることは重要である。しかし，実際の音楽を対象とした場合，旋律やリズムなどによってそれを困難にさせる。一方で，人間の聴覚に関して，音の物理量とその音によって引き起こされる人間が感じる心理量との対応関係が，精神物理学あるいは知覚心理学において調べられてきた。このようなアプローチを音楽や演奏音にも適用し，音楽や演奏音から抽出した何らかの物理量と，音楽や演奏音に対する人間の知覚あるいは認知内容の心理量の対応関係を調べる研究が行われている。本章では，演奏に関わる心理について取り上げ，音の代表的な物理量や，ラウドネスなどの心理量との対応関係についての従来の知見を述べる。また，音楽や演奏音の物理量と心理量の対応関係を調べた研究として，演奏音とその熟達度に関する研究を紹介する。

3.1　心理音響の基礎

　大脳活動の非侵襲的計測が一般的ではなかった 21 世紀以前には，人間の脳内情報処理の内容を知るには，外部から刺激を与えて，それに反応する心理現象を測定する心理実験を行うことで，ブラックボックスである脳システムにおける情報処理を推測するしかなかった。**精神物理学**は，人間に与える刺激を物理量として表現できるよう定量化し，それを与えたときの人間の反応を主観尺度によって測定して定量化した心理量と物理量がどのように対応するのかを調

べる学問である。言い換えれば，人間に与える刺激の物理量を定めると，人間の心理的反応も予測できることを意味し，入力と出力をもつブラックボックスシステムの内部の情報処理を推測し記述することができる。ここではその中でも特に，音楽や演奏音を音響信号としたときに，得られる音圧レベルやスペクトルとそれらの時間変化という基本的な物理量に対応する心理量である，ラウドネス，シャープネス，変動強度，ラフネスを取り上げ，音の物理量からそれらを算出する方法を示す。

3.1.1　音の大きさに関する心理量：ラウドネス

ラウドネス（loudness）は，人が感じた音の大きさを表す心理量である。人が感じる音の大きさは，物理量の音圧レベルと対応している。ただし，周波数にも依存している。人が感じる音の大きさと，音圧レベルおよび周波数の対応関係を図示しているものが，2003年に改訂された ISO 226：2003 に規定されている**等ラウドネスレベル曲線**（**図3.1**）[1]である。これは，縦軸に音圧レベル，横軸に周波数をとっており，ある周波数の純音の音圧レベルがどれぐらいにな

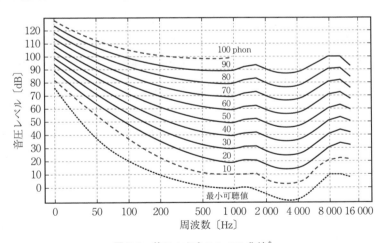

図 3.1　等ラウドネスレベル曲線[†]

[†]　破線で示された 10 phon と 100 phon の曲線は実験データが少ないため参考特性としている。

ると，他の周波数のある純音の音圧レベルの音と同じ大きさに聞こえるかを表している。

等ラウドネスレベル曲線上における，1 kHz の純音の音圧レベルは，**ラウドネスレベル**（単位：phon）と呼ばれており，それらを基準として他の周波数の音と同じ大きさに聞こえる音圧レベルが示されている。この曲線は，1 kHz より低い周波数ではなだらかに上昇する。つまり，1 kHz より低い周波数の音を 1 kHz の純音と同じ大きさに感じるためには，1 kHz の純音よりも音圧レベルを強くする必要があることを示している。約 4 kHz 以上についても同様に，等ラウドネスレベル曲線はなだらかに上昇している。この曲線より，純音の周波数が 4 kHz 付近における聴覚の感度が高く，低い周波数においては感度が低い傾向がわかる。

phon は物理量である 1 kHz の音圧レベルをそのまま用いた尺度であり，その点では心理量を反映したものではない。多くの心理量は，刺激の物理量のべき乗に比例することがわかっており，音圧レベルの場合は 10 dB 増えるとラウドネスは約 2 倍に感じられることがわかっている。これを利用して音の大きさの心理量を反映させたものとして sone（ソーン）尺度が作られており，40 phon を 1 sone とし，P〔phon〕に対する L〔sone〕が次のように定義されている。40〜120 phon では，式 (3.1) のように表されており，P が 10 phon 増加すると，L が 2 倍になることを示している。

$$L = 2^{\frac{P-40}{10}} \tag{3.1}$$

40 phon 未満では，式 (3.2) のように表されており，40 phon より小さい音に対しては，10 phon 増加すると，2 倍より大きくラウドネスが変わることを示している。

$$L = \left(\frac{P}{40}\right)^{\frac{1}{0.35}} - 0.000\,5 \tag{3.2}$$

騒音計を用いて音の大きさを計る際は，40 phon の等ラウドネス曲線を反転させたものに相当する音圧レベルの重みづけ（A 特性，**図 3.2** 参照）を付与した，A 特性音圧レベル（騒音レベル）が用いられている。つまり，1 kHz より

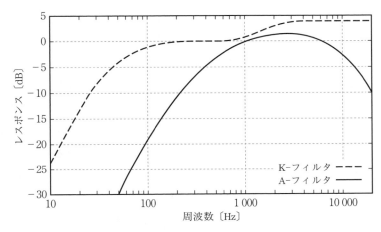

図 3.2 平均ラウドネス値を計算する前段階で用いる K-フィルタの周波数
　　　　応答，および A 特性音圧レベルを計算する際に用いる A-フィルタの周
　　　　波数特性

低い周波数あるいは 4 kHz より高い周波数の音に対しては，1 kHz の音と同じ
音圧レベルでも音の大きさを小さく感じることを反映させて，音圧レベルを減
じるような補正を行ったものである。この補正をかけることで，測定値を耳で
聞いた感覚に合わせることができる。

　騒音レベルは，純音のようにある周波数だけに強いエネルギーをもつ音のラ
ウドネスとよく対応している。よって，人間が感じる音の大きさに対応する物
理量として用いられることが多く，騒音の測定に簡便で実用的な A 特性が長
く使われ，騒音の大きさに対応する物理量として簡便に測定できることが，騒
音レベルという名称の由来である。騒音規制関連法規において dB 表記されて
いる音圧レベルは，ほとんどこの騒音レベルだと考えてよい。しかし，騒音の
強さのみを測る物理量ではないことは，騒音レベルの定義より明らかである。

　時間的に変動する音のラウドネスに対応する物理量としては，等価騒音レベ
ルが簡易的に用いられている。等価騒音レベルは，A 特性フィルタリング後の
瞬時音圧をパワー値に変換して一定時間内での時間積分平均を求め，それをレ
ベル値に変換することで得られる。一部の騒音計にはこの等価騒音レベルの測

定機能をもつものがある。その機能のない騒音計で簡易的に求めるには，一定時間（例えば1秒）ごとに測定した騒音レベル値をパワー値に変換してその算術平均を求め，それを再度レベル値に変換して得られる。

これらはあらゆる音のラウドネスと対応しているわけではない。これらは，定常な純音を対象に作成されたA特性を用いているため，複雑な周波数成分をもつ複合音の場合や音源が複数存在してその周波数成分が相互に異なる場合，騒音レベルはそれらのラウドネスとうまく対応しない場合がある。また，等価騒音レベルは，エネルギーが広帯域かつ時間変動するような音楽や音声，例えばテレビ放送における番組およびCMなど，一定時間内に音圧レベルが大きく変化するプログラムごとのラウドネスとうまく対応しない場合がある。

時間的にあまり変動のない，広帯域かつ定常的な音のラウドネスをある程度正確に求める場合は，聴覚の特性を反映させたモデルを用いる必要があり，具体的には，**マスキング**と**臨界帯域**について考慮する必要がある。マスキングとは，ある音（妨害音）が別の音（聴取音）を聞こえにくくする，あるいは聞こえなくする現象であり，妨害音の周波数および音圧レベルによって，聴取音がマスキングされる周波数範囲とその度合いが異なっている。基本的には，周波数が近い音どうしほどマスキングの影響が大きく，低い周波数の強い音が高い周波数の音をマスクしやすい。

臨界帯域とは，どれだけ異なる周波数の音どうしをひとまとまりとして知覚処理するかを反映する帯域を意味し，**聴覚フィルタ**という考え方もそれと類似のものである。**臨界帯域幅**は1kHz以上の周波数ではほぼ1/3オクターブであり，ラウドネス知覚に関していえば，臨界帯域幅に収まる複数の音を，ひとまとまりの音として扱う。単純に言い換えれば，臨界帯域幅以上周波数が離れている音どうしは，それぞれ別の音として処理され，それらのラウドネスが加算されて知覚される（実際には臨界帯域幅以上離れていてもマスキングの影響は存在するので，それぞれのラウドネスを単純に加算したものにはならず，後述するISO 532-1:2017にはそのような現象が反映されている）。例えば，臨界帯域内に入る同じ強さ（40dB）の二つの純音（例えば周波数が1kHzと

1 050 Hz）の場合，それらを合わせた音圧レベルは 43 dB となり，一つの音に比べてラウドネスは $2^{(43-40)/10} = 1.23$ 倍となる。一方，1 kHz と 5 kHz の純音のように，同じ臨界帯域内ではなく，別々の臨界帯域に存在する場合，その音圧レベルは同じく 43 dB であるが，二つの音が存在するので，一つの音に対してラウドネスは約 2 倍となる。

このような，ほぼ臨界帯域ごとのラウドネスレベルおよび帯域間マスキングを考慮した，全帯域成分に基づくラウドネスの計算方法が，ISO 532：1975[2] として 1975 年に標準化された。2017 年に ISO 532 は改訂され，Zwicker が提案した方法の ISO 532 Part1（ISO 532-1：2017）[3] と，Moore-Glasberg が提案した方法の ISO 532 Part2（ISO 532-2：2017）[4] の 2 部構成とされ，これまでの ISO 532：1975 は廃止された。ISO 532 Part1 では，二つの方法が標準化されており，一つは定常音のみ，もう一つは定常音と時間変動音に適用が可能である。ISO 532 Part2 では，定常音のみに適用可能であり，両耳に異なる音が入力したダイコティック聴取の場合も適用できる。ラウドネス研究の歴史やその動向については，日本音響学会誌の解説[5]や報告[6]に書かれているので，さらに知識を深めたい場合は，そちらを熟読することをお勧めする。

ISO 532 Part1 と Part2 の方法では臨界帯域の定式化[7],[8]が異なるが，方針は同じであり，信号全体のラウドネスの具体的な計算方法は，下記のとおりである。

① 音響信号を 1/3 オクターブバンドフィルタバンクに通す。

② フィルタバンクからの出力を帯域ごとにラウドネス〔sone〕に変換する。

③ 帯域ごとに高域側へマスキングの裾野が伸びたようなチャートにそのラウドネスを書き入れる。

④ 帯域ごとのラウドネス値と裾野によって囲まれた面積を計算する。

1980 年代以前は，紙のチャートに **1/3 オクターブバンドレベル**と裾野を書き入れて描画する必要があり，計算には手間がかかった。しかし，1990 年代に入って帯域レベルからラウドネスを計算するコンピュータプログラムが開発され[9]，数値演算言語 MATLAB において動作する，ディジタル音響信号からラウドネスを計算するプログラム[10]も配布されるようになり，手軽に計算できる

ようになった。

　時間的に変動のある，広帯域かつ非定常的な音のラウドネスを，ある程度正確に求める場合は，短時間ごとにラウドネスを計算することと，その次にラウドネス知覚の時間積分現象を取り入れる必要がある。時間積分現象とは，単純にいうと，瞬間的な短時間の大きな音より，長く持続している音のほうが大きく聞こえる，という現象である。研究段階としてはさまざまなモデルが提案されているが，聴覚の継時マスキング現象に基づく時間積分機構を取り入れて，時系列でラウドネスを計算するソフトウェアを販売している計測機器メーカーもある。

　時間変動する信号のラウドネスを計算する規格としては，ITU-R BS.1770-4に規定されたオーディオ番組のラウドネス測定法[11]がある。具体的なラウドネス計算手順は，下記のとおりである。

① 　ディジタル音響信号を，周波数が低い音を弱く補正する **B 特性フィルタ**と，高い音をやや強く補正するフィルタを合わせた **K 特性フィルタ**（図 3.2 を参照）に通す。

② 　得られた波形の時間区間 400 ms の 2 乗平均を 100 ms ごとに計算する。

③ 　到来方向（ステレオの左右スピーカチャンネルや後ろ左右のサラウンドスピーカチャンネル）ごとに重みづけ加算する。

④ 　ラウドネス知覚の時間積分を考慮した，無音や小さい音の除去を行う 4 種類のゲーティング関数を用いて，平均ラウドネス値（単位：LKFS）を求める。

　このラウドネス計算には，臨界帯域やマスキングの現象は含まれていないうえ，入力レベルに比例する相対レベルであるがゆえに，実際に再生される音圧レベルには依存しない。DAW ソフトウェアの中には，この平均ラウドネス値を計算する機能を備えたものも存在する（6.2.2 項を参照）。ディジタル放送プログラム間のいわゆる音量を揃えるため，日本では ARIB（電波産業会）が 2011 年に発行した「ディジタルテレビ放送番組におけるラウドネス運用規定」[12]において，この平均ラウドネス値が導入され，放送業界において広く使われるよう

になっている。

　楽器音や音楽，演奏音に関する科学的研究を行うためには，計測（物理計測と心理計測，あるいは必要に応じて生理計測も含む）に基づく現象の定量化と，特に物理的条件の再現性の確保が欠かせない。例えば，楽器音を聴取して被験者がその印象を評価する，といった主観評価実験を行う場合，被験者に呈示される楽器音の音圧レベルや騒音レベルを，被験者の頭部位置（ヘッドホン呈示の場合は人工耳）で測っておくことは必須である。これは実験の物理量条件の再現性を確保するためと，再生音圧レベルに対応するラウドネスは，音や音楽の迫力や激しさといった心理量，いわゆる迫力・力動因子に影響を強く与えることが知られているためである。よって，被験者や実験日ごと，あるいは楽曲や楽器音条件ごとに音圧レベルが変わることで，ラウドネスに起因する印象が変わってしまう可能性を，実験実施者は理解しておかなければならない。

　放送プログラムのように，音声や音楽などさまざまな音源が用いられる変動音響信号を刺激音として用いる場合，そのラウドネスを刺激音間で揃えるためには，平均ラウドネス値に基づく方法が妥当だろう。ただし，前述したように平均ラウドネス値は再生音圧レベルとは関係ないので，規定レベル（例えば$-20\,\mathrm{dB\,FS}^{\dagger}$）で再生時に，聴取位置での音圧レベルも合わせて測定し，再現性を確保する必要がある。それに対して，楽器音や演奏音，またポピュラー音楽のようにダイナミックレンジが狭い楽曲の場合は，等価騒音レベルを測定することで十分であろう。

　厳密にいえば，実験条件として再生音圧レベルや平均ラウドネス値，等価騒音レベルを規定したところで，部屋や再生装置（特にスピーカやヘッドホン）が異なれば，それらの伝送周波数特性が異なることに起因して，被験者が感じるラウドネスが異なる可能性があることは避けられない。特に，再生する刺激音のラウドネスを厳密に揃える，あるいは制御する必要がある場合は，複数の刺激音を交互に再生して，一方の再生音圧レベルをフェーダなどのボリューム

---

　† 　dB FS は，ディジタルスケール上の最大と最小振幅を繰り返す正弦波信号の実効レベルを 0 dB とおく相対レベルである[13]。

コントローラを用いて被験者に調整してもらうことで，同じラウドネスに合わせる**ラウドネスマッチング**を行う必要がある。

3.1.2 音の鋭さに関する心理量：シャープネス

シャープネス（sharpness）は，人が感じた音の鋭さや甲高さを表す心理量であり，音響信号のスペクトルに依存している[14),15)]。スペクトルにおいて，高い周波数と低い周波数のバランスによって音の鋭さや甲高さが異なり，高い周波数成分を含む音の鋭さの印象と良い対応がとれていることが明らかにされている[16),17)]。例えば，von Bismarck は，純音の周波数や狭帯域雑音の中心周波数が高くなるほど鋭さの印象が強くなることを明らかにしている[14)]。また，調波複合音や広帯域雑音の場合は，スペクトルの傾きや上限周波数，下限周波数も鋭さの印象に影響を及ぼすことが確認されている。すなわち，音の鋭さや甲高さの印象は，音のエネルギーが集中するスペクトル上の場所と，その場所におけるエネルギーの大きさに依存しているといえる。

過去の研究成果に基づいてシャープネスのモデルが提案されており，シャープネス S は，臨界帯域ごとのラウドネス $N(z)$〔sone〕をもとにして，式 (3.3) を用いて計算することができる。

$$S = \frac{0.11\int_0^{24} W(z)N(z)zdz}{\int_0^{24} N(z)dz} \tag{3.3}$$

このとき，周波数 z は，周波数軸上に 20 Hz から臨界帯域幅を連続的に並べたときに，ある周波数が何番目の臨界帯域の上限周波数に相当するかを **Bark**（バーク）という周波数単位で表したものである。式 (3.4) は，周波数 f〔Hz〕を Bark に変換する式である[7)]。

$$z = 13\arctan\left(0.76\frac{f}{1\,000}\right) + 3.5\arctan\left(\frac{f}{7\,500}\right)^2 \tag{3.4}$$

最下限周波数である 20 Hz から 1 臨界帯域幅分隔たる帯域の上限周波数は 100 Hz であり，1 Bark に相当する。$W(z)$ は周波数依存の重みづけ関数であ

り，**図 3.3** に示すように，周波数 z〔Bark〕に対する値は 0 〜 15 Bark（20 Hz 〜 2.7 kHz）のときに 1.0 であるのに対して，16〜24 Bark では周波数が高くなるにつれて指数関数的に増加する。

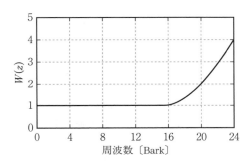

図 3.3 シャープネスの重みづけ関数

　式 (3.3) の分子に $W(z)$ と $N(z)$，z の乗算があることから，式 (3.3) は Bark 周波数とラウドネスで囲まれたスペクトル図形の重心の周波数を求めている。よって，高い周波数のラウドネスが相対的に高いほどシャープネスの値は大きくなる。つまり，低い周波数成分と高い周波数成分の偏りが音の鋭さと関係しているといえ，スペクトルの大まかな形状に依存している。式 (3.3) はスペクトル重心の算出方法に類似しているが，臨界帯域ごとのラウドネスを用いている点が異なっているので注意しておく必要がある。シャープネスの単位は acum であり，音圧レベルが 60 dB，帯域幅が 1 Bark，1 kHz を中心とした狭帯域雑音のシャープネスを 1 acum としている。

　シャープネスは，単純な減衰音を含むほぼ定常的な音，例えば単一の楽器による演奏音，さまざまな機器の報知音，騒音などの音色や音質を評価することができる。一方，時間的にスペクトルが変動する音に対しては，算出式に時間積分を表す項がないことからわかるように，厳密にはシャープネスを計算することはできない。また，音の継続時間が短い音でも音の鋭さの印象が強くなることがあるが[18]，このような時間的な要因の場合でもシャープネスでは評価できない。

3.1.3　音の変動の大きさに関する心理量：変動強度

変動強度（fluctuation strength，フラクチュエーションストレングス）は，人が振幅や周波数が比較的ゆっくり変動する音を聞いたときに感じる変動の大きさ，変動感を表す心理量であり，変動の速さや音圧レベル，変動の深さに依存している[19)〜21)]。

変動感は，変動の速さが約 4〜8 Hz のときに最大になるといわれており，それより遅い変動や速い変動の場合，変動感は知覚されにくく，約 20 Hz を超えると，代わりにラフネスという音の粗さが知覚されるようになる[20),21)]。

Terhardt[19)]が純音の振幅変調音に対する変動感と物理量の関係を調査しており，変動の深さに相当する変調度が 1 に近いほど変動感が大きくなり，音圧レベルが大きくなると変動感もやや大きくなることを確認している。また，Fastl[20),21)]も同様に調査しており，雑音を含む複数の変調音に対して検討して時間マスキングパターンに基づいた変動強度のモデルを提案している。**図 3.4** に示すように，変動強度 F は時間マスキングの深さ ΔL に比例しており，臨界帯域ごとに ΔL を求め，式 (3.5) を用いて計算することができる。

$$F = \frac{0.008 \int_0^{24} \Delta L(z)dz}{\dfrac{f_{\mathrm{mod}}}{4} + \dfrac{4}{f_{\mathrm{mod}}}} \tag{3.5}$$

このとき，f_{mod} は音の変動の速さに相当する変調周波数，z は 3.1.2 項で述べ

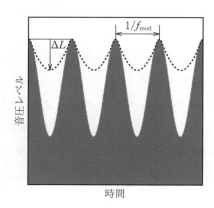

図 3.4　正弦波的に変動する音に対する時間マスキングパターン（破線）と時間マスキングの深さの模式図

たように臨界帯域幅を単位とする尺度で表現された周波数を意味している。変動強度の単位は vacil であり，音圧レベルが 60 dB，変調周波数 4 Hz，搬送周波数が 1 kHz の振幅変調音の変動感を 1 vacil としている。

　式 (3.5) を用いて変動強度を算出する場合，時間マスキングの深さを求める必要があり，さまざまな音に対して算出することは困難である。そこで，いくつかの方法が提案されている[22]~[25]。先に述べたように，変動感は変動の速さや音圧レベル，変動の深さによって変わることが示されているため，変動感を表すパラメータとして，それらの特徴量を音響信号から抽出することで変動強度を算出する。それらの方法はいずれも，Fastl らの変動感に関する調査結果[20],[21]に基づいているという共通点をもっている。それらのうちのある方法を用いて変動強度を算出する音質評価システムが市販されており，提案されたそれらの方法やそのソフトウェアを用いて，振幅変調された純音や広帯域雑音，電動モーター音，ミシンの動作音などに対する変動感を推定したり，変動強度を算出したりする研究も報告されている[22]~[26]。振幅変調された純音や広帯域雑音に対する変動感を適切に推定できていることは確認されているが[22],[26]，電動モーター音や，ミシンの動作音などの場合は推定した値と変動感の関係を確認するなどの検討はされておらず，その方法を振幅変調された純音や広帯域雑音とは異なる変動音に対して適用することの妥当性については検討されていない。そこで，アイドリング時におけるオートバイの排気音や単一楽器による演奏音に対して正しく算出できる方法が検討されている。演奏音に対する算出方法については，3.2 節において説明する。

3.1.4　音の粗さに関する心理量：ラフネス

　ラフネス（roughness）は，人が感じた音のざらつきや粗さ，粗さ感を表す心理量である。この感覚は，速い変動音を聞いたときに知覚されるといわれており，変動強度と同様に，変動の速さや音圧レベル，変動の深さに依存している[19],[27],[28]。

　粗さ感は，変動の速さが約 15 Hz を超えると知覚されるようになり，約

70 Hz のときに最大になるといわれている。200 Hz より高くなると，粗さ感は知覚されないといわれている。

Terhardt[19),27)] が正弦波を用いて振幅変調された純音に対する粗さ感と物理量の関係を調査しており，変調度が1に近いほど粗さ感が大きくなり，音圧レベルが大きくなると粗さ感もやや大きくなることを確認している。さらに，臨界帯域との関係も調査しており，搬送周波数が1 kHz 以下の振幅変調音の場合は，変調周波数が搬送周波数を中心とする臨界帯域幅の1/2と等しいときに粗さ感が最大となり，それより高くなると粗さ感は小さくなり，変調周波数が臨界帯域幅を超えると粗さ感をまったく知覚しなくなる。搬送周波数が2 kHz以上の場合は，変調周波数が臨界帯域幅の1/2に達していなくても粗さ感が減少していく。また，FastlとZwicker[28)]も同様に調査して時間マスキングパターンに基づいたラフネスのモデルを提案している。ラフネス R は時間マスキングの深さ ΔL に比例しており，臨界帯域ごとに ΔL を求め，式 (3.6) を用いて計算することができる。

$$R = 0.3 f_{\mathrm{mod}} \int_0^{24} \Delta L(z) dz \tag{3.6}$$

このとき，f_{mod} は音の変調周波数，z は 3.1.2 項で述べたように臨界帯域幅を単位とする尺度で表現された周波数を意味している。ラフネスの単位は asper であり，音圧レベルが 60 dB，変調周波数 70 Hz，搬送周波数が 1 kHz の振幅変調音のラフネスを 1 asper としている。

　式 (3.6) を用いてラフネスを算出する場合，時間マスキングの深さを求める必要があり，さまざまな音に対して算出することは困難である。そこで，いくつかの方法が提案されている[29)~31)]。それらの方法はそれぞれ異なるものの，いずれも粗さ感に関する実験結果[19),27),28)]に基づいているという共通点をもつ。変動強度の場合と同様に，それらのうちのある方法を用いてラフネスを算出する音質評価システムが市販されており，そのソフトウェアに基づいて算出された振幅変調音のラフネスが正しい値であることも確認されている[26)]。ただし，その確認では正弦波を振幅包絡としてもつ振幅変調音のみを用いており，工事

騒音やオートバイ排気音などの現実の騒音や演奏音などは対象としていない。一般に，それらの音における振幅包絡はさまざまな形状であるが，従来の方法がそのような音のラフネスを正しく評価できるのかについては明らかではない。

　　ただ，振幅包絡の形状や振幅変調音の位相が粗さ感の知覚に影響を及ぼす可能性が報告されている。その研究[32]では，振幅変調された純音における搬送波の位相を系統的に変化させた場合の粗さ感を主観評価させ，その結果，0 rad から $\pi/2$ rad になるにつれて粗さ感は小さくなることが確認されている。また，複数の周波数成分をもつ変調波を用いて振幅変調された純音とそれを時間軸上で反転させた音の粗さ感を主観評価させ，粗さ感の知覚に振幅包絡の形状が影響を及ぼす可能性が示唆されている。しかし，正弦波とは異なる波によって振幅変調された音の位相と粗さ感の知覚の関係や，振幅包絡におけるどのような特徴が粗さ感の知覚に影響を及ぼすことは明らかにされておらず，検討すべきことがまだ残されている。

3.2　心理音響の楽器演奏評価への適用

　　3.1 節で説明したラウドネスなどの心理量は，**聴覚心理**や**音響心理**において研究されており，それらは音の質的な評価を行うことができることから，自動車の車内音や車外音の対策において評価指標として用いられてきた。また，自動車以外のさまざまな機械製品でも適用されるようになり，それらを計算できる解析システムが開発されて機械メーカーや研究機関で活用されている。

　　音楽に関する研究では，大量の楽曲を分類する際に楽曲の特徴量として心理量を算出している。Rauber ら[33]は，楽曲の音響信号に含まれる周波数帯域の変動強度によって，楽曲間のリズムパターンの特徴を抽出している。また，演奏の解析において用いられることもあり，Kurakata ら[34]は，ピアノ演奏における音の強さの変動が変動強度と関係すると述べている。演奏を解析することで演奏音の上手さ，すなわち熟達度を音響信号や MIDI 信号から求めることが行われており，演奏音の大きさや発音の時間間隔などに基づいて熟達度を自動

評価する手法の開発が行われている。そのような研究のうち，3.1.3項で説明した変動強度と熟達度の関係を明らかにする研究が行われている[35]~[40]。最近では，熟達度ではなく，演奏音に含まれる感情，例えば喜びや悲しみなどと演奏音や演奏動作の特徴の関係を明らかにする研究も行われている。

3.2.1 楽器演奏における特徴と熟達度の関係

音楽的な演奏音を聴取すると，「この演奏は上手だなぁ」と感じる，すなわち演奏の上手さや下手さを表す熟達度を評価することがしばしばある。その熟達度に関する研究は古くから行われており，さまざまな研究が多く報告されている。それらの研究では，マイクロホンで録音した音響情報に対する解析だけでなく，モーションキャプチャや高速度カメラなどで記録した演奏者の動作情報に対する解析や，記録した演奏者の筋電位などの生体的情報に対する解析が行われており，熟達者による演奏と中級者または初心者による演奏を比較することで，熟達した演奏の特徴を検討したり[41],[42]，さまざまな奏者による演奏音から熟達度評価に貢献する特徴量を抽出し，それらを用いて熟達度評価を行うモデルの検証を行ったりしている[43]~[45]。

例えば，熟達者による演奏と中級者または初心者による演奏を比較している研究[41],[42]では，ドラム演奏時におけるスティックの制御をどのように行っているかを調査している。モーションキャプチャを用いた動作解析の研究[41]では，さまざまな奏者の演奏動作を記録し，記録した映像から奏者の手足動作の軌跡を抽出することによって，熟達者は楽器からのフィードバックや跳ね返りをうまく制御していることを確認している。生体的情報に着目した研究[42]では，腕の表面筋電位を測定し，ドラム奏者は非ドラム奏者に比べ，左右腕の動作が一致しており，身体的に効率の良い制御を行っていることを確認している。また，疲労上昇程度が小さい演奏を行っていることも確認している。熟達度評価モデルの検証に関する研究[43]~[45]では，ピアノによる1オクターブの上下行長音階演奏やギターによるコード演奏，ドラムによる繰り返し演奏を対象とし，演奏データから発音時刻や音の大きさなどに関するパラメータを抽出

し，それらを用いて熟達度を推定するシステムを提案している。それらの研究
では，熟達度の推定方法は異なっているが，熟達度評価で用いるパラメータを
時間と大きさに着目して抽出している点では同じである。抽出される時間に関
するパラメータは，メトロノームが与える演奏タイミングからの逸脱や演奏課
題において基準となる発音時間長からの逸脱に関するものであり，各音符に対
するそれらの逸脱量を求め，それらの平均や標準偏差などが用いられている。
大きさに関するパラメータは，演奏者の平均演奏強度からの逸脱に関するもの
であり，各音符に対するその逸脱量を求め，それらの平均や標準偏差などが用
いられている。

それらの研究における熟達度の推定方法について述べる。ピアノ演奏に関す
る研究[43]では，抽出したパラメータと類似しているパラメータをもつ評価済み
データを k-近傍法によって求め，それらに対する評価スコアの平均を算出す
ることで熟達度を推定している。ギター演奏に関する研究[44]では，ファジィ階
層化意思決定法に基づいて熟達度を評価しており，抽出したパラメータだけで
なく，算出したファジィ測度を用いてファジィ積分を行うことで熟達度を推定
している。ドラム演奏に関する研究[45]では，抽出したパラメータを独立変数，
人間の主観評価値を従属変数として重回帰分析を行い，得られた回帰方程式を
用いて熟達度を推定している。

3.2.2 変動強度を用いた応用研究

演奏音を聴取すると，聴覚的な感覚受容があったあとにそれらの入力情報の
弁別や比較などの基本的な知覚，認知的処理が行われ，最終的に，これまで身
につけた知識や経験に基づいて意味づけや理解などの高度な認知的処理が行わ
れ，楽曲構造の理解，音楽的な美や芸術性の体験や共感，楽しいや悲しいなど
の感情反応などが生じる。音楽的な美しさについては19世紀ごろより音楽学
において議論されており，今もその議論は続いている。芸術性についてはアイ
オワ大学の Seashore が研究しており，さまざまな演奏データを解析すること
で演奏に含まれる芸術的な要素は，楽譜情報からの逸脱によるものであること

が明らかにされている。Seashore はその逸脱を**芸術的逸脱**（artistic deviation）と呼んでおり，演奏の芸術性を述べる上で集中的に議論されている[46]。別の研究では，その逸脱を時間的側面における「ゆらぎ」として捉え，そのゆらぎを「奏者の時間的制御能力の限界に起因するゆらぎ」と「奏者が芸術表現のために付加するゆらぎ」に分け，それぞれのゆらぎを測定，検討している[47]。なお，芸術的逸脱については 5.2 節も参照されたい。

以上のことから，音楽を聴取した際に感じられるゆらぎ，すなわち変動感が音楽演奏に対する評価に関わっていると考えられる。そこで，演奏音の変動感に対する評価法を熟達度評価に応用できると考え，その可能性を検討している研究[35]～[40]があり，それについて説明する。

楽曲演奏では，曲想やテンポ，コンテキストなど，さまざまな要因によって変動感が変わる可能性があり，それらすべての要因について網羅的に調べあげることは困難であるため，単一の音符の演奏を対象としている。また，変動感は音の大きさや高さが遅い速度で変動する音において知覚されるため，対象とする演奏音は繰り返し動作で演奏されることによって音の大きさが変動している音でなければならない。そのような演奏奏法としてトレモロがあり，その奏法を用いて演奏されることが多いマンドリンを対象楽器としている。

マンドリンとは，弦を弾くことによって演奏されるリュート属の撥弦楽器の一つであり，木製の胴と完全 5 度の関係で調弦された金属製の複弦を 4 対持ち，各対はほぼ同じ高さに調弦された 2 本の弦からなっている（**図 3.5**）。マンドリン演奏におけるトレモロ奏法とは，ピックを用いて 1 対の弦を上下方向

図 3.5 マンドリンの外観

に撥弦させることを細かく連続的に繰り返す奏法である。

マンドリンによるトレモロ音の知覚印象は，単位時間あたりのピッキングの回数，すなわち plucking rate によって大きく異なるであろう。plucking rate により，発音時刻から次の発音時刻までの時間間隔（inter-onset interval，**IOI**）は一意に決定される。単一の撥弦音（単発音）を録音しておき，これを等時間間隔に配置すれば，のこぎり波のような時間包絡をもった変動的持続音を構成することが可能である。この時間包絡のピークからピークまでの時間間隔は IOI と一致した一定の値であり，ピークの振幅値も完全に同一になるはずである。しかし，実際は**図 3.6** に示すように，そのような機械的な演奏音になるのではなく，完全に均一な時間間隔と振幅包絡をもった変動音からの時間的な逸脱や強度の逸脱が含まれている。すなわち，トレモロ音はピッキングによってほぼ一定の間隔で生じる変動に対して，時間および振幅方向の逸脱が必ず生じるため，振幅が不規則に変動している振幅包絡をもつ振幅変調音となる。

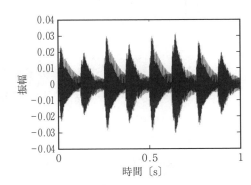

図 3.6 トレモロ音の波形

3.1.3 項で述べた方法では，振幅変調された振幅包絡を考慮していないため，そのような音の変動感を適切に推定できるとは考えられない。そこで，ほぼ一定の間隔で生じる変動に対して生じる時間および振幅方向の逸脱に関する特徴量を音響信号から抽出し，それらのパラメータを用いて変動感の推定を試みた[48]。その結果を，主観評価による変動感の度合いを目的変数とし，前述の特徴量を説明変数とした重回帰分析における，推定精度に対応する自由度調整済

み決定係数の値として算出した（**図3.7**）。図内の SP は 3.1.3 項で述べた方法
のように，振幅包絡の周期的な変動のみを抽出して推定した場合，OD は時間
方向の逸脱に関するパラメータを考慮した場合，AD は振幅方向の逸脱に関す
るパラメータを考慮した場合を表している。図3.7 からわかるように，振幅包
絡の周期的な変動のみを抽出したパラメータだけでなく，振幅包絡における時
間および振幅方向の逸脱に関するパラメータも考慮することで，高い精度で変
動感を推定できることが確認された。

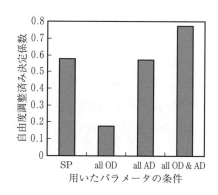

図3.7　トレモロ音に対する
変動感の推定結果[48]

　振幅包絡の周期的な変動のみを抽出したパラメータとトレモロ音の熟達度の
関係を調査した研究[35]〜[40]では，振幅包絡に逸脱がまったく含まれていないもの
と，逸脱量が少ないものや多いものに対して，plucking rate が異なるとどのよ
うな結果が得られるか検証し，その結果をまとめている（**図3.8**）。
　図3.8 は，奏者が演奏可能な plucking rate の範囲，Fastl と Zwicker の研
究[21],[28]によって明らかにされた変動強度の領域およびラフネスの領域，熟達
度が高いと評価された割合，変動感の推定値を表している。なお，変動強度の
領域では，plucking rate を変調周波数とみなし，Fastl と Zwicker の研究[21]で
示されている，振幅変調された純音における変動強度，すなわち式 (3.4) を用
いて音響信号から得られた変動感の心理量を示している。また，ラフネスの領
域も同様に，Fastl と Zwicker の研究[28]で示されている，振幅変調された純音
から得られた粗さ感の心理量を示している。

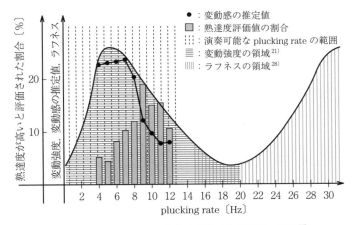

図3.8　トレモロ音に対する変動感と熟達度の関係[35]

　図3.8からわかるように，熟達したと聞こえるトレモロ音は，変動感が大きく感じられる plucking rate を避けて演奏されており，速すぎない plucking rate という要請と，変動感が大きく感じられないという要請が両立している状態であると考えられた。この研究では，振幅包絡における時間方向の逸脱に関するパラメータも考慮した方法で変動感を推定していないため，その方法を導入することで，振幅包絡における逸脱と熟達度の関係が明らかになり，楽器演奏におけるゆらぎと熟達度，さらには芸術性との関連も見えてくることが期待される。

引用・参考文献

1)　Normal equal-loudness-level contours, ISO 226:2003 Acoustics（2003）

2)　Method for calculating loudness level, ISO 532:1975 Acoustics（1975）

3)　Methods for calculating loudness – Part 1: Zwicker method, ISO 532-1:2017 Acoustics（2017）

4)　Methods for calculating loudness – Part 2: Moore-Glasberg method, ISO 532-2:2017 Acoustics（2017）

5)　難波精一郎：解説 知っているようで知らないラウドネス，日本音響学会誌，

73, pp.765-773 (2017)

6) 倉片憲治，舘野　誠，鵜木祐史，君塚郁夫，桑野園子，鈴木陽一，藤坂洋一：小特集―音響に関する国際規格審議の動向― TC 43（音響）本体の規格審議の動向について，日本音響学会誌，**74**, pp.22-28 (2018)

7) H. Fastl and E. Zwicker: Psychoacoustics Facts and Models, Springer-Verlag (1990)

8) B. C. J. Moore: An Introduction to the Psychology of Hearing, Academic Press (1989)

9) E. Zwicker, H. Fastl, U. Widmann, K. Kurakata, S. Kuwano and S. Namba: Program for calculating loudness according to DIN 45631 (ISO 532B), J. Acoust. Soc. Jpn. (E), **12**, 1, pp.39-42 (1991)

10) DAFX Toolbox, Dominik Wegmann: https://jp.mathworks.com/matlabcentral/fileexchange/12902-dafx-toolbox ? focused = 5081022 & tab=function (2007) (2023 年 11 月現在)

11) International Telecommunication Union: Algorithms to measure audio programme loudness and true-peak audio level, Recommendation ITU-R BS.1770-4 (2015)

12) 電波産業会：デジタルテレビ放送番組におけるラウドネス運用規定，ARIB TR-B32 (2011)

13) AES standard method for digital audio engineering - Measurement of digital audio equipment, Audio Engineering Society Standard, AES17-2015, 39 pages (2015)

14) G. von Bismarck: Sharpness as an attribute of the timbre of steady sounds, Acustica, **30**, pp.159-172 (1974)

15) H. Fastl and E. Zwicker: Psychoacoustics Facts and Models, third edition, Springer-Verlag, pp.239-246 (2007)

16) S. Namba, S. Kuwano, K. Kinotshita and K. Kurakata: Loudness and timbre of broad-band noise mixed with frequency modulated sounds, J. Acoust. Soc. Jpn. (E), **13**, pp.229-232 (1992)

17) S. Kuwano, S. Namba, A. Schick, H. Höge, H. Fastl, T. Fillippou and M. Florentine: Subjective impression of auditory danger signals in different countries, Acoust. Sci. & Tech., **28**, pp.360-362 (2007)

18) 難波精一郎，桑野園子，加藤　徹：音の立上がり時間と大きさについて―エネルギー値との関係―，日本音響学会誌，**30**, pp.144-150 (1974)

19) von E. Terhardt: Über akustische Rauhigkeit und Schwankungsstärke (Acoustic roughness and fluctuation strength), Acoustica, **20**, pp.215–224 (1968)

20) H. Fastl: Fluctuation strength and temporal masking patterns of amplitude modulated broadband noise, Hearing Research, **8**, pp.56–69 (1982)

21) H. Fastl and E. Zwicker: Psychoacoustics Facts and Models, third edition, Springer-Verlag, pp.247–256 (2007)

22) M. Blommer and N. Otto: A new method for calculating Fluctuation Strength in electric motors, Proc. SAE 2001 Noise and Vibration Conference and Exposition, CD-ROM, 2001-01-1588 (2001)

23) E. Accolti and F. Miyara: Fluctuation Strength of Mixed Fluctuating Sound Sources, Mecánica Computacional, **XXVIII**, pp.9–22 (2009)

24) D. Cabrera, S. Ferguson and E. Schubert: Psysound3: Software for acoustical and psychoacoustical analysis of sound recordings, Proc. of the 13th International Conference on Auditory Display, pp.356–363 (2007)

25) J. J. Chatterley: Sound Quality Analysis of Sewing Machines, M. S. Thesis, Department of Mechanical Engineering, Brigham Young University, United States of America, pp.58–61 (2005)

26) S. Shin: Comparative study of the commercial software for sound quality analysis, Acoust. Sci. & Tech., **29**, pp.221–228 (2008)

27) von E. Terhardt: Über die durch amplitudenmodulierte Sinustöne hervorgerufene Hörempfindung (The auditory sensation produced by amplitude modulated tones), Acoustica, **20**, pp.210–214 (1968)

28) H. Fastl and E. Zwicker: Psychoacoustics Facts and Models, third edition, Springer-Verlag, pp.257–264 (2007)

29) U. Widmann and H. Fastl: Calculating roughness using time-varying specific loudness spectra, Proc. of Sound Quality symposium'98, pp.55–60 (1998)

30) W. Aures: Ein Berechnungsverfahren der Rauhigkeit (A Procedure for Calculating Auditory Roughness), Acoustica, **58**, pp.268–281 (1985)

31) P. Daniel and R. Weber: Psychoacoustic Roughness: Implementation of an Optimized Model, Acustica, **83**, pp.113–123 (1997)

32) D. Pressnitzer and S. McAdams: Two phase effects in roughness perception, J. Acoust. Soc. Am., **105**, pp.2773–2782 (1999)

33) A. Rauber, E. Pampalk and D. Merkl: Using Psycho-Acoustic Models and Self-Organizing Maps to Create a Hierarchical Structuring of Music by Sound

Similarity, Proc. of ISMIR 2002（2002）

34) K. Kurakata, S. Kuwano and S. Namba: Factors determining the impression of the equality of intensity in piano performance, J. Acoust. Soc. Jpn. (E), **14**, pp.441-447（1993）

35) 安井希子，寄能雅文，三浦雅展，杉田繁治：熟達したマンドリントレモロ音に対する変動感の調査，音楽知覚認知研究，**14**, pp.17-27（2008）

36) N. Yasui, M. Kinou, M. Miura: An index for evaluating the performance proficiency of tremolo played by the Mandolin, Proc. of The 19th International Congress on Acoustics, MUS-07-014（2007）

37) N. Yasui, M. Kinou and M. Miura: A relation between characteristics and subjective evaluation for tremolo played with the Mandolin, Proc. of International Congress on Music Communication Science（2007）

38) N. Yasui, M. Kinou and M. Miura: Subjective evaluations of the performance proficiency for fluctuating musical sounds using Fluctuation Strength or Roughness, Proc. of Acoustics'08, pp.5757-5762（2008）

39) N. Yasui, M. Kinou and M. Miura: Evaluations of Proficiency of Fluctuating Musical Sounds Using Fluctuation Strength, Proc. of The 10th International Conference on Music Perception and Cognition, pp.712-716（2008）

40) N. Yasui, M. Kinou and M. Miura: Fluctuation Strength of tremolo played on the mandolin: How tremolo is evaluated as good?, Proc. of International Symposium on Performance Science 2009, pp.431-436（2009）

41) S. Dahal: Striking movements: A survey of motion analysis of percussionists, Acoust. Sci. & Tech., **32**, pp.168-173（2011）

42) T. Fujisawa and M. Miura: Investigating a playing strategy for drumming using surface electromyograms, Acoust. Sci. & Tech., **31**, pp.301-303（2010）

43) 三浦雅展，江村伯夫，秋永晴子，柳田益造：ピアノによる1オクターブの上下行長音階演奏に対する熟達度の児童評価，日本音響学会誌，**66**, pp.203-212（2010）

44) 数森康弘，江村伯夫，三浦雅展：ギターコード演奏の練習支援を目的としたファジィ階層化意思決定法に基づく熟達度自動評価，日本音響学会誌，**66**, pp.431-439（2010）

45) 小西夕貴，岩見直樹，三浦雅展：練習支援を目的としたドラム基礎演奏における熟達度の自動評価手法，電子情報通信学会論文誌，**J94-D**, 3, pp.549-559（2011）

46) C.E. Seashore: Psychology of Music, pp. 18-21, McGraw-Hill (1938)

47) 山田真司：音楽演奏に含まれる時間ゆらぎ：演奏者の制御能力の限界に起因するゆらぎと芸術表現のゆらぎ，九州芸術工科大学博士論文 (1998)

48) N. Yasui, M. Miura and A. Kataoka: Procedure for estimating fluctuation strength from tremolo by irregular plucking of mandolin, Acoust. Sci. & Tech., **33**, pp. 160-169 (2012)

音楽理論の仕組み

　今日われわれが耳にする音楽のほとんどは，調性と呼ばれる音楽的秩序に基づいて構成されており，これを体系化したものが和声理論である。和声理論は音楽の構築・分析の両面においてきわめて有用である一方で，それ自体は調性音楽における美学を規則の集合として体系化したものに過ぎず，これによって音楽聴取の本質である調性的秩序からの逸脱とある中心的な役割を担う音（主音）への回帰による緊張と弛緩の物理的あるいは心理的メカニズムに対する回答を得ることはできない。本章では，この問いの解にたどり着くべく，音響学をはじめ音楽知覚認知や脳科学にいたる幅広い分野の研究を紹介する。まず，4.1節では本章の内容を理解するために必要な和声理論の基礎について概説し，4.2節では和音に対する感覚的な協和・不協和の定量的モデルに関する一連の研究を紹介する。さらに，4.3節では音楽の音楽聴取時に覚える音楽的期待の認知メカニズムに関わる種々の心理実験について紹介し，4.4節では近年盛んに取り組まれている脳科学的アプローチによる研究例について述べる。

4.1　和声理論の基礎

　調性は，音楽を構成する音組織（**音階**）において，**主音**とそれに対して従属関係にある音の経時的連なりによって確立され，われわれはこの秩序から逸脱する音が出現すると音楽的な緊張を覚え，また主音に回帰することによって音楽的な弛緩を覚える。つまり，われわれの音楽聴取の本質は，調性からの逸脱による緊張と主音への回帰による弛緩の経時的な流れであるといえよう。この

調性からの逸脱と回帰の仕組みを，個々の和音の構築方法とその経時的な連結の方法に関する規則の集合として体系化したものが**和声理論**である。

　調性の概念は，18 世紀以前の西洋音楽において確立されているが，当時は，単旋律音楽であったギリシア音楽を発展させ，独立した多声部における旋律的な流れを重視した**ポリフォニー音楽**が主流であった。その後，同時に響く複数の音の集合を**和音**という形で一つの意味をもたせる機能和声の考え方に基づき，主旋律となるある一つの声部と，それを和声的に支持する複数の声部によって形成される**ホモフォニー音楽**が現われ，Haydon，Mozart，Beethoven によって**古典音楽**として確立される。

　和声理論の最も古い文献は 1558 年の Zarlino による**ハルモニア教程**とされるが，**調性音楽**の和声について和音記号を用いた機能的観点によって説明した最も古い文献は，Rameau による和声論[1]である。Rameau の和声論は機能和声に対する理論のパイオニアとしてこれ以降に提案された多くの和声理論に多大な影響を与えており，今日のポピュラー音楽における和声理論[2],[3]（以下，**ポピュラー和声**と表記）の基礎にもなっている。現在では，古典音楽における和声構造はいわゆる古典和声に代表される和声理論[4]として体系化されている。一方，ホモフォニー音楽の概念は，音楽を主旋律とそれを和声的に支持する和声との融合として捉えるポピュラー音楽の構造的基盤となっている。ポピュラー和声は，古典和声における和音の機能的分類や，それらの連結法などの基本的な概念を継承しつつも，独自のアイデアが盛り込まれることによって新しい和声理論として確立されており，ポピュラー音楽の和声を知るうえで重要である。

　本節では，古典和声とポピュラー和声に共通する基礎的な事項において，両者の共通点・相違点を挙げながら解説する。

4.1.1　音名，音度，階名

　音高に対する名称として以下の三つが定義されている。**音名**（pitch name）は，音の基本周波数に対する固有の名称であり，音高の絶対的な高さを表す。**音度**（degree name）は，ある基準音からの五線譜上の距離（あるいは機能）

をローマ数字で表したものであり，音高の相対的な高さを表す。**階名**（syllable name）は，音度に対する呼称である。わが国では，階名にイタリア名称を用いるのが慣例である。**図 4.1** に，D 音を基準とした場合の音名，音度，階名の例を示す。

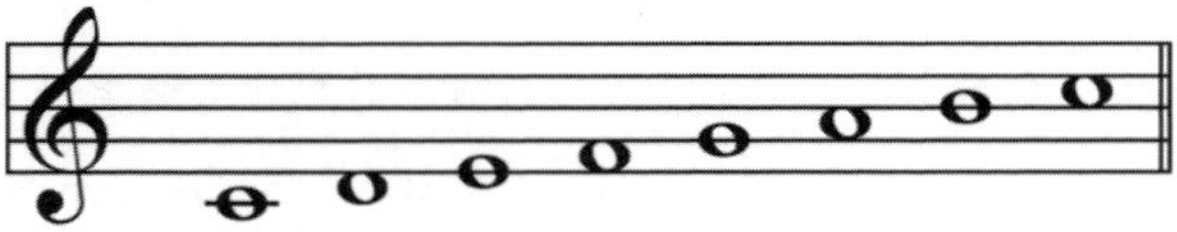

音名	日本	ハ	ニ	ホ	ヘ	ト	イ	ロ	ハ
	英・米	C	D	E	F	G	A	B	C
	独	C	D	E	F	G	A	H	C
	伊	do	re	mi	fa	sol	la	si	do
音度		vii	i	ii	iii	iv	v	vi	vii
階名		si	do	re	mi	fa	sol	la	si

図 4.1　D 音を基準とした場合の音名，音度，階名の例

4.1.2　音　　　　程

2 音間の五線譜上の距離を**音程**と呼ぶ。音程は，完全音程，長音程，短音程の 3 種を基本に，これらから半音ずつ加減したものを増音程，あるいは減音程と呼ぶ。**図 4.2** に，C を基準とした場合の音程の例を，**図 4.3** に音程の変化をそれぞれ示す。

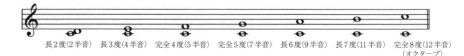

長2度(2半音)
長3度(4半音)
完全4度(5半音)
完全5度(7半音)
長6度(9半音)
長7度(11半音)
完全8度(12半音)
(オクターブ)

図 4.2　C を基準とした場合の音程の例

重減
D. dim.
減
dim.
完全
P
短
m
長
M
増
aug.
重増
D. aug.
半音増
半音減

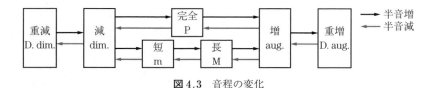

図 4.3　音程の変化

なお，完全8度はオクターブと呼び，五線譜上においてこれ以上間隔の広い音程であっても，オクターブ内の音程表記に従う。ただし，テンション（4.1.8項を参照）の表記には，他の和声音との区別のために8度以上の音程を用いて表記する。

和声理論では，2音による和音に対する**協和性**についても言及しており，それぞれの音の周波数比が単な整数比で表されるものを**協和音**としている。**表4.1** は2音の周波数比と協和の種類との関係を示したものである。ただし，これは**純正律**における場合の話であって，**12平均律**においては単純な周波数比にはならず協和性も異なる。

表 4.1　2音の周波数比と協和の種類

協和の種類	音程	周波数比	
		純正律	12平均律
絶対協和音	完全1度	1 : 1　(1.000)	1.000
	完全8度	2 : 1　(2.000)	2.000
完全協和音	完全5度	3 : 2　(1.500)	1.498
	完全4度	4 : 3　(1.333)	1.335
中庸協和音	長6度	5 : 3　(1.667)	1.682
	長3度	5 : 4　(1.250)	1.260
不完全協和音	短3度	6 : 5　(1.200)	1.180
	短6度	8 : 5　(1.600)	1.587

4.1.3　音　　　　階

今日の調性音楽の多くは，長調12調，短調12調の全24調による調組織のもとで成り立っている。これは，中世ヨーロッパ音楽の**教会旋法**（church modes）と呼ばれる8種の音組織のうち，**イオニア旋法**および**エオリア旋法**が調性音楽における大きな役割をもつようになり，他の旋法は自然淘汰された結果，それぞれが**長音階**（major scale），**短音階**（natural minor scale）として確立したからである。これらは，8度音程内に五つの全音と二つの半音を含む全音階であることから，**全音階的音階**（diatonic scale）と呼ばれている。短音階については，楽曲を形成するうえで，旋律的および和声的な要求を満たすべ

く，**和声的短音階**（harmonic minor scale）と**旋律的短音階**（melodic minor scale）の2種の短音階が派生し，これらを含めた4種の音階をまとめて全音階的音階と呼ぶ。調性音楽における音階システムの例を**図4.4**に示す。

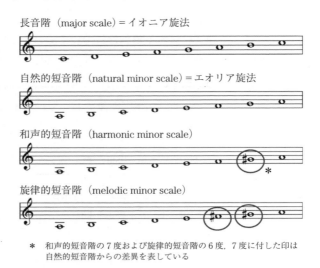

＊　和声的短音階の7度および旋律的短音階の6度，7度に付した印は
　自然的短音階からの差異を表している

図4.4　調性音楽における音階システム

4.1.4　調

　音楽を構成する音階の主音，あるいは主音によって決定される調性を**調**と呼ぶ。一般には後者の意を表すことが多く，例えばある楽曲がハ音を主音とする長音階で構成されている場合はハ長調，イ音を主音とする短音階で構成されている場合はイ短調と呼ぶ。音階の主音となり得る音高は12種であるから，これらと長・短2種の音階との組合せを考慮すると全24種の調が確立される。

　また，ある調における他の調との和声的な近親関係は等価ではなく，たがいに近しい関係にあるものを**近親調**，遠い関係にあるものを**遠隔調**と呼ぶ。一般には，ある調の**属調**（5度上の調），**下属調**（5度下の調），**同主調**（主音を同じにして音階が異なる調），および**平行調**（調号を同じにして音階が異なる調）

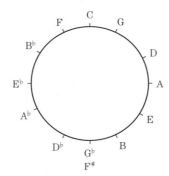

図 4.5　五度圏

を近親調と呼ぶ。**図 4.5** は，**五度圏**（cycle of fifth）と呼ばれ，音階における
音どうしの近親関係を示している。

4.1.5　和音とそれぞれの和声的機能

和音は，「異なる二つ以上の音高が同時に響くことによって合成される音」
と定義される。機能和声においては，基準となる音（**根音**）に 3 度ずつ堆積す
ることによって得られた合成音を和音の基本的な形としており，三つの音で構
成される和音を **3 和音**，四つの音で構成される和音を **4 和音**と呼ぶ（**図 4.6**）。

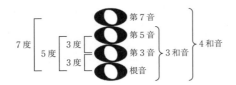

図 4.6　3 度堆積による和音の形成

また，長短 2 種の全音階的音階について，各音を根音として 3 度堆積によっ
て形成した和音を全音階的和音と呼び，各々の和音を根音の音度記号（I，II，
…，VII）によって標記する。ここで，主音とその上下 5 度に相当する音を根
音とする和音を，順に**主和音**，**属和音**，**下属和音**と呼び，これらは調の主音と
長・短調を決定するうえで重要な働きをもつことから，**主要三和音**と呼ばれ
る。3 和音においても属和音には主和音への強い進行感を得るために第 5 音の
上にさらに第 7 音を付与した属七和音が用いられ，主要三和音とともに**主要和
声**とも呼ばれる。これらは固有の和声的機能を有し，主和音を **T**（トニック），

属和音を **D（ドミナント）**，下属和音を **S（サブドミナント）** と標記する。その他の和音は基本的に主要三和音の機能の代理的役割をもつ。**図4.7** に長音階と和声的短音階における全音階的和音と各々の和声的機能について示す。

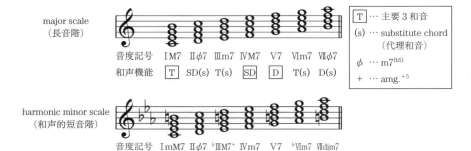

図4.7　全音階的和音（長音階と和声的短音階のみを抜粋）における各和音の機能

4.1.6　和音の機能的連結

　機能和声においては，いくつかの和音の機能的連結（例えば T → S → D → T など）により音楽的なまとまりを形成することができ，これを **終止形（カデンツ，** あるいは **ケーデンス）** と呼ぶ。カデンツは音階における主音，あるいは主和音とそれに従属的に関わる音の機能的役割を明確にし，これによって調性が確立されると考えられる。

4.1.7　終止形（ドミナント・モーション）による調性の確立

　カデンツを構成する和音の連結において，D → T の終止形（**ドミナント・モーション**）は調性の確立に対して最も重要な働きをもつ。特に属七和音においては，根音の4度上行（または5度下行）進行によって得られる力強い進行感の上に，これに内包される増4度の不協和音程（第3音と第7音）が主和音の協和音程（根音と第3音）に進行することによって得られる和声的解決感が加わり，主和音を中心とする強い調性感を生む。ドミナント・モーションの例を **図4.8** に示す。

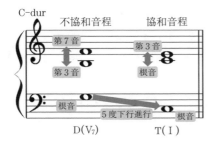

図 4.8 ドミナント・モーションの例

4.1.8 テンションおよびテンション・ヴォイシング

　和音の 7 度音から 3 度堆積することによって得られる 7 種の音（♭9th, 9th, #9th, #11th, ♭13th, 13th, #13th）のうち, 音階の構成音であるものを**テンション**（tenstion）と呼び, 拡張された和声音として, 和音の色彩豊かな響きを表現するために用いられる。ただし, 和声理論では, 和声音として使用

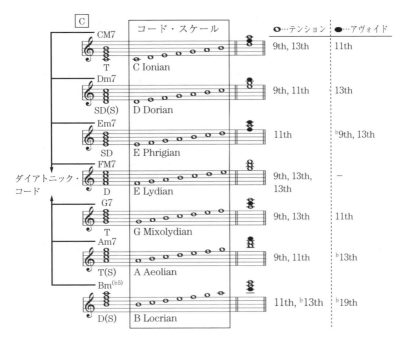

図 4.9 全音階的和音で用いられるテンション

できるものを各々の和声的機能を損なうことのないものに限定し，テンション
のむやみな使用による調性感の逸脱を考慮している。このようにテンションか
ら除外された音は，**アヴォイド**（avoid note）と呼ばれ，一般的には和声音と
して用いない。**図 4.9** に全音階的和音で用いられるテンションを示す。

　和音名が与えられた場合に，和声音を各声部に配置する操作をヴォイシング
と呼ぶ。特に，テンションと呼ばれる非和声音のいくつかを和声音と組み合わ
せることによって，和音の和声的機能を保持したまま色彩豊かな響きを表現す
るヴォイシングを**テンション・ヴォイシング**と呼ぶ。**図 4.10** にテンションと
テンション・ヴォイシングの例を示す。

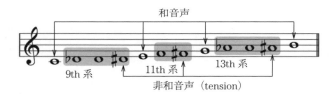

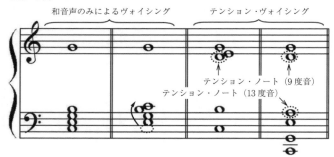

図 4.10　CM7 におけるテンション・ヴォイシングの例

4.1.9　属七和音におけるテンション

　長調におけるドミナント和音である V7 のテンションは 9th，13th に限られ
るが（図 4.9 を参照），図 4.10 のように，9th，11th，13th（これらを**ナチュラ
ル・テンション**と呼ぶ）から派生するテンション（♭9th，#9th，#11th，♭

13th，これらを**オルタード・テンション**と呼ぶ）を用いることにより，調性からの逸脱を演出する和音を実現することが可能である。コードの構成音とオルタード・テンションの組合せによって生成されたスケールを**オルタード・スケール**と呼ぶ（**図 4.11**）。

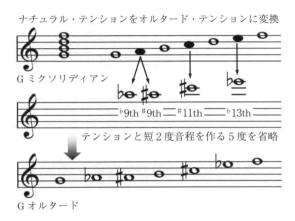

図 4.11　オルタード・スケール

4.1.10　古典とポピュラーにおけるテンションの違い

古典でも，短調 V9（根音省略）などジャズにおけるテンションの一部の使用が見られる。**図 4.12** では，V9 の第 3 転回型が見られ，これはジャズにおけるテンション 9th である。ジャズでは，古典で用いられていたテンションを用いることよって調性感の逸脱を狙うといった，より発展的なテンションの用法

図 4.12　古典に見られるテンションの例
（Mozart "Fantasia" KV475）[5]

表 4.2 古典とポピュラーのテンションの比較

				I7	II7	III7	IV7	V7	VI7	VII7
長調	和音	古典		I7	II7	III7	IV7	V7	VI7	VII7
		ポピュラー		IM7	IIm7	IIIm7	IVM7	V7	VIm7	VIm7(b5)
	テンション	古典		9	9	–	9	9, 13	9	
		ポピュラー	一般的	9, 13	9, 11	11	9, #11, 13	9, 13	9, 11	11(b13)
			発展的	#11	–	9	–	b9, #9, #11, b13	–	–
短調	和音	古典		I7	II7	III7	IV7	V7	VI7	VII7
		ポピュラー		IM7	IIm7(b5)	bIIIM7(#5)	IVm7	V7	bVIm7	VIIdim7
	テンション	古典		–			9	9, 13		
		ポピュラー	一般的	9, 11	11	9	9, 11	b9, #9, #11, b13	9, #11, 13	–
			発展的	–	9	–	–	–	–	–

も存在する。これを**ノン・ダイアトニック・テンション**と呼ぶ。古典とジャズにおいて，一般的に使用されるテンションの違いを**表 4.2** に示す。

4.2　和音の感覚的協和・不協和

　音楽の美学における思想を理論の形で体系化したのは古代ギリシア人であると考えられており，ピタゴラスによって4度・5度・8度の三つの協和音程と，それらの根底たる数の体系が確立されたと伝えられている。しかしながら，和音聴取時の**感覚的協和・不協和**（sensory consonance / dissonance）が音楽理論の中で明らかにされた形跡はなく，**音響心理学**という学問分野において研究され始めたのは 20 世紀後半になってからである。

　本節では，二つの純音を聴取したときの感覚的協和度について着目したPlomp と Levelt の研究[6]や，音の変動に起因する「粗さ」知覚を表す指標「**ラフネス**（3.1.4 項を参照）」を提案した Terhardt[7]の研究について概説し，さらにこれらに基づいてすべての複合音に対する協和度を定量的に算出できるモデルについて，それぞれの考え方や利点について触れながら紹介する。

4.2.1　二つの純音に対する感覚的協和・不協和

　二つの音の協和性に対する数学的な説明を試みたのはピタゴラスである[8]。彼は，2 音の周波数比が単純であるほど協和性が高いことを発見し，4 度，5

度，8度の協和音程を提案した。ただし，これは協和な感覚を生む2音の物理
的特徴を数によって説明したに過ぎず，なぜそれらを協和と感じるのか，つま
り人の知覚・認知のメカニズムについて論じたものではない。

19世紀以降，Helmholtz[9]をはじめとする音響心理学者らの一連の研究によっ
て，2音に対する感覚的協和・不協和を聴覚抹消系の構造によってモデル化で
きることが示されてきた。大まかにいうと，基底膜上に想定される聴覚フィル
タの帯域幅（臨界帯域幅）に2音の周波数が含まれるとたがいが干渉してうな
りを知覚し，それが不協和の感覚を生むというものである。うなりの周波数が
高くなると，音の粗さ感（3.1.4項を参照）が知覚され，より不協和な感覚を覚
える[7],[10],[11]。このモデルに基づき，PlompとLevelt[6]は，二つの純音による和
音において，片方の周波数を固定し他方の周波数を徐々に高くしたときに覚え
る主観的協和度を測定した。図4.13は，その結果の模式図である。縦軸は協
和度を，横軸は2音の周波数差の臨界帯域幅に対する比をそれぞれ示している。

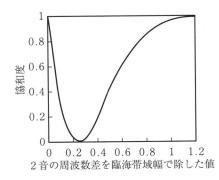

図4.13　2音間の周波数差を臨界帯域幅
で除した値と協和度との関係

図4.13によると，二つの純音の周波数が等しい場合は2音による干渉はな
く協和度は最大であるが，周波数差が大きくなるとたがいが干渉し合いうなり
が生じることによって徐々に協和度が低くなる（不協和度最大）。そして2音
の周波数差が臨界帯域幅のちょうど1/4のときに協和度が最も低くなり，そ
れ以降は徐々に高くなる。ただし，このモデルによると，2音間の周波数差が
臨界帯域幅を超える音はすべて協和であることになり，4.1.2項で述べた和声

理論で定義されている音程と協和の種類について説明できない（例えば，不完全協和音程である3度と完全協和音程である5度など）。

4.2.2 高調波成分の干渉を考慮した感覚的協和・不協和

PlompとLevelt[6]による実験は，あくまで純音に対する協和度である。二つの音に倍音成分が含まれる場合，それらの協和度についても考慮しなければならない。純音，すなわち成分が一つのみの音に対する協和度は，図4.13に示すように2音の周波数差によって決定されるが，2倍音を含む音を用いて同様に実験を実施すると，オクターブの協和度が上昇する。同様に，3倍音以上の周波数成分が含まれていると完全5度の協和度が，4倍音以上では完全4度，5倍音以上では長3度および長6度の協和度が上昇する。6倍音までを含む調

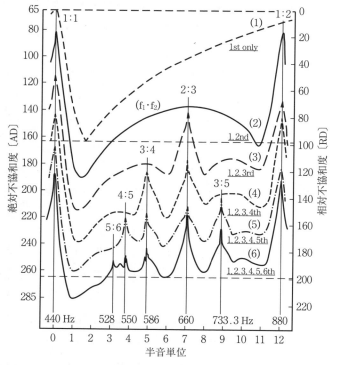

図4.14 二つの音の周波数差および倍音数と感覚的不協和度との関係[12]

波複合音について，図4.13のモデルを利用して協和度を計算すると**図4.14**のようになる。この結果から，和声理論による協和音程が，聴覚フィルタ内における周波数成分の干渉に起因するものであることがわかる。

4.2.3 任意の複合音に対する感覚的協和度の定量化

ここまでの内容を踏まえて，任意の成分をもつ複合音に対する感覚的不協和度を算出するモデルがいくつか提案されている。その代表的なものはKameoka と Kuriyagawa[12]によるモデルであろう。その概念的手順は，対象となる複合音を純音に分解してすべての組合せにおける不協和強度を算出し，全体の不協和強度を求めるものであるが，単純に一対の純音による不協和強度の和を計算するのではなく，Kameoka らは和音に対する不協和度は心理量であると仮定し，Stevens のべき法則に従うことによってより人の間隔の特性に合わせた方法を提案している。また，Kameoka らは，不協和度が対象となる音に何らかの要因によって混在した雑音の両者によって形成されるものと捉え，不協和強度の計算モデルに雑音項を設けている点にも着目したい。Kameokaらによって提案された不協和強度のモデル式を式 (4.1) に示す。

$$Dm = \frac{k_0}{k_0'} \left\{ \sum_{i=1}^{M} (D_{2i})^{\frac{1}{\beta}} + D_{n0}^{\frac{1}{\beta}} \right\}^{\beta} \tag{4.1}$$

ただし，M は複合音の成分の組合せ数である。

小畑[13]は，Kameoka らのモデルにいくつかの修正を加えている。基本的には，Kameoka らのモデルを踏襲しているが，Kameoka らのモデルによる計算の冗長性の改善や，音色に関するパラメータを追加することにより音楽制作に対する実践的応用を目指している。

一方，Sethares[14]のモデルでは，対象となる複合音を純音に分解し，それぞれの対における不協和度から全体の不協和度を求める大まかな手順については同様であるが，部分的不協和度から全体の不協和度を求める際に，単純に和を求めている点が大きく異なる。その他，Kameoka らのモデルに考慮されている雑音項もない。

4.2.4 和音に対する高次な印象に対する協和・不協和

しかしながら，このような2音の感覚的協和モデルによって，安定・不安定，あるいは明るい・暗いといった複雑で高次な印象の知覚・認知を説明することはできない。Sloboda[15]をはじめとする音楽心理学者らは，こうした和音の印象は調性音楽を聴き続けることによって植えつけられたものであると結論づけているが，なぜそう感じるのかという点については触れていない。

この問題に対して Meyer[16]は，和声音の音程関係に着目し，それらが等しい場合は全体構造をうまく体制化することができずに調性感があいまいになることから，不安定な感覚を覚えると述べている（短3度ずつ堆積して得られる減和音や長3度ずつ堆積して得られる増和音を例にするとわかりやすい）。この考え方に基づき，Cook ら[17]は，長和音と短和音に対して覚える明・暗の印象（彼らはポジティブ・ネガティブな感情と表現している）の知覚・認知のモデルを提案している。具体的には，和声音の音程が等しい状態（知覚的緊張状態）からその緊張を緩めることのできる音程関係は，和音の下部の音程を上部のそれよりも大きくする操作とその逆の操作の二つであり，音程の対称状態から遠ざかる方向によって「長調らしさ」や「短調らしさ」を示すことができ，このモデルによって和音の性質を識別することができることを示唆している。

4.2.5 和音に対する心理的印象空間の調査と物理量との関係

一方，江村と山田[18]は，ポピュラー音楽に用いられるテンション和音に対する心理的印象を SD 法によって調査しており，結果，テンション和音の印象は，協和性，オシャレさ，豊痩性の3次元で表現できることを示唆している。さらに，因子分析によって得られた各因子と不協和度やラフネスをはじめとするさまざまな物理量との関係を重回帰分析によって調査した結果，協和性と豊痩性は，それぞれ小畑[13]のR不協和度と和音の最高音高の基本周波数との強い関係性が見られた。これはつまり，和音に印象のうち2次元を物理的特徴によって説明できることを意味する。これらのことから，和音聴取メカニズムにおいて

聴取者の嗜好や音楽の文化的背景に影響を受けるような高次な処理過程が反映されると考えられる情緒豊かさは，物理量によって説明が困難である一方で，比較的プリミティブな処理過程に起因していると考えられる協和性と豊痩性については，R不協和度や和声音の周波数などの物理量によってある程度説明が可能であると結論づけている。**図 4.15** は，研究の概要を示す模式図である。

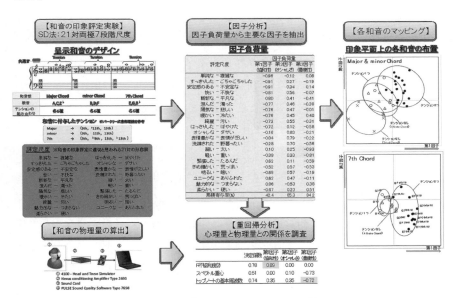

図 4.15 江村と山田の研究の概略図[18]

4.3 聴取実験に基づく音楽理論の妥当性

音楽の調を知ることは，音のピッチクラス（クロマ）の集合や，音響心理（ここでは協和や不協和などの理論）のような時間の流れに依存しない特徴だけでは説明できず，音楽の時間的な流れを考慮した特徴が必要であることが知られている[19]。この研究では実際のいくつかの楽曲から抜き出した短い楽曲から，音高の列を抽出し，それらの時間的な順序を操作した場合に，機能和声で

いう主音に該当する音高を回答させた。被験者は音大生 42 名であった。その結果，時間的な順序が調性の明確さや主音の回答に影響することがわかった。特に 4.1.7 項で述べた増 4 度の音程（いわゆる**トライトーン**）の存在が主音を回答するうえで重要であることが報告されている。

次に協和と不協和の妥当性に関する調査として，**感情プライミング**の手法を用いた研究がある[20]。プライム刺激に和音を用い，ターゲット刺激にポジティブまたはネガティブな反応を求める。プライム刺激にラフネスをもたせた刺激を用いた場合は**プライミング効果**が認められ，調和性を用いた場合にはプライミング効果は見られなかった。より詳しく述べると，ネガティブなプライミングを発生させた和音には音の粗さ感が得られるが，ここで **ERB**（equivalent rectangular bandwidth）内に基音と倍音が含まれる場合にはプライミング効果が誘発されたものの，ERB に含まれない場合はプライミング効果は誘発されなかった。

さらに，同じ感情プライミングの手段を用いて，和音に含まれる音の多さと音色がプライミング効果に与える影響についての報告がある[21]。4 通りの協和音と 4 通りの不協和音，和音は 2 音のみ（つまり音程）と 4 音からなる和音であり，それらを用いてプライミング効果が調べられており，ピアノとリードオルガンの音色で構成された。その結果，先行研究と同様に協和・不協和のポジティブ・ネガティブの反応に対するプライミング効果が認められたものの，4 音を用いた和音でのみその効果が確認された。なお，ピアノとリードオルガンの差については認められなかったため，和音を構成する音の多さとポジティブ・ネガティブの反応について示されている。

4.4　生理調査に基づく音楽理論の妥当性

近年では，音楽理論の妥当性評価を行動実験だけではなく生理計測に基づいた調査も盛んに行われるようになった。特に**脳科学的アプローチ**による調査が盛んに行われるようになっている。ここでは **ERAN**（early right-anterior negativity) と **FFR**（frequency following response）を用いた研究について述べる。

ERAN は予想された流れに対する違和感に関する応答として用いられる。例えば，Koelsch らは 2000 年に脳波の **ERP**（event-related potential）を用いた研究を行い，非音楽家に和音進行を聴取させた場合の脳活動を記録した。その結果，非音楽家に期待される和音進行とは異なる和音の場合には ERAN は確認されなかったと報告している[22]。さらに，脳波ではなく**脳磁図（MEG）**を用いて音楽の構造における不調和を認知する神経基盤を調べた[23]。脳波でいう ERAN に相当する MEG における **mERAN** を使って音楽の構造に対する反応を調査した。特徴として，**ナポリの和音**を呈示刺激として使い，その応答から調査している。ナポリの和音とは，ポピュラー和音でいう IIm において，根音の II と 5 度音の VI をそれぞれ半音下げた和音である。つまり，IIb に該当し，構成音は Db，F，Ab となる。ナポリの和音は機能和声においてはサブドミナント（4.1.5 項を参照）に類するため，ドミナントの前に配置されると機能和声として自然である。この実験では，連続する五つの和音の進行において，三つ目の和音にナポリの和音を配置した場合と，最終和音にナポリの和音を配置した場合について調査した。その結果，ナポリの和音による和声的な違和感によって mERAN が見られ，その発生基盤となる位置は**ブローカ野**および右半球の同じ位置から観測された。これより，これらの領域において言語だけではなく音楽に関する処理が行われていることが示唆される。

この研究に対して，観測された ERAN が和音としての違和感なのか，文脈効果に起因するのかについて明らかではなかったため，別の調査がなされた[24]。この調査では連続する七つの和音から構成される和音進行が使用された。和音進行としては「T-D-T-T3-S-D-T」とした。ただし T3 とはトニックの転回型である。そしてナポリの和音は 3, 5, 7 番目のいずれかに配置された。また，同じ位置に第 5 音の高さを半音だけ高くした音を配置する条件も追加された。5 番目の和音にナポリの和音を配置した場合は西洋音楽の規範に従うが，3 番目の和音に配置すると西洋音楽の規範に違反する。また，ナポリの和音の配置は西

洋音楽の規範に対する違反のためであり，音高を高くした和音は音階に対する違反のためである。さらに，ERANだけでなく **MMN**（mismatch negativity）も用いている。MMNはERANよりもより単純な規則違反に反応することが期待される。調査の結果，ナポリの和音および高さを変更した和音のいずれにおいても有意なERPが確認された。ただし，和音進行内の配置，つまり3，5，7番目による変化について，ナポリの和音については差が見られたものの高さを変更した和音についてはどの位置においてもERPの振幅は変わらなかった。これより，和声規則による影響と音階に関する規則の影響について人の脳内における電気信号での違いを明らかにすることができた。

　最後にFFRについて述べる。音響信号を聴取した脳における符号化の様子を調べる手法である[25]。非音楽家に協和音と不協和音を呈示し，その際のFFRを調査した研究がある[26]。得られた脳波波形に対して自己相関法および調波構造のフィルタリングによって神経信号として顕著な周波数を分析した。その結果，ユニゾンや完全5度といった協和音程の場合は顕著な周波数成分が確認されたものの，短2度のような不協和音程においては顕著な周波数成分が確認されなかった。この結果より，音楽の訓練を受けていない人であっても，協和音程を符号化し，音楽に見られる音程が神経信号として再現されていることがわかった。よって，音程の構造は，比較的低次元なレベルで実現されていることが示唆された。

引用・参考文献

1) J. Rameau: Traité de l'harmonie réduite à ses principes naturels, Paris (1722)

2) M. Levine: The Jazz Theory Book, SHER MUSIC CO. (1996)

3) 渡辺貞夫 : Jazz Study, ATN. Inc. (1970)

4) 池内友次郎，島岡　譲：和声－理論と実習 (1)，(2)，(3)，音楽之友社 (1964)

5) 香取良彦：絶対わかる！ポピュラー和声，Ritto Music (1999)

6) R. Plomp and W. J. M. Levelt: Tonal consonances and critical bandwidth, J.

Acoust. Soc. Am., **38**, pp.548–560（1965）

7)　E. Terhardt: On the perception of periodic sound fluctuations (roughness), Acustica, **30**, 4, pp.201–215 (1974)

8)　C. M. Bower: The Fundamentals of Music, New Haven: Yale University Press (1989)

9)　H. von Helmholtz: Die Lehre von den Tonempfindungen als physiologische Grundlage fur die Theorie der Musik, F. Vieweg und sohn (1870)

10)　R. Plomp and H. J. M. Steeneken: interface between two simple tones, J. Acoust. Soc. Am., **43**, pp.883–884 (1968)

11)　E. Terhardt: The concept of musical cousoance: A link between music and psychoacoustics, Music Perception, **1**, 3, pp.276–295 (1984)

12)　A. Kameoka and M. Kuriyagawa: Consonance Theory: Parts I and II, J. Acoust. Soc. Am., **45**, pp.1451–1469 (1969)

13)　小畑郁男：楽器の音色を視野に入れた音構成理論の研究 - 感覚的協和理論の音楽への応用，九州芸術工科大学博士論文（2001）

14)　W. A. Sethares: Tuning, Timbre, Spectrum, Scale, Berlin: Springer (1999)

15)　J. Sloboda: Exploring the Musical Mind, Oxford University Press (2004)

16)　L. B. Meyer: Emotion and Meaning in Music, Chicago University Press (1956)

17)　N. D. Cook，藤澤隆史，林　武文：和音知覚における音響心理学，音楽知覚認知研究，**21**, 1, pp.17–29 (2015)

18)　江村伯夫，山田真司：テンション和音の印象とその心理音響評価指標との関係，日本音響学会平成 26 年秋季研究発表会講演論文集，pp.999–1002 (2014)

19)　H. Brown: The interplay of set content and temporal context in a functional theory of tonality perception, Music perception, **5**, 3, pp.219–249 (1988)

20)　J. Armitage, I. Lahdelma and T. Eerola: Automatic responses to musical intervals: Contrasts in acoustic roughness predict affective priming in Western listeners, J. Acoust. Soc. Am., **150**, 1, pp.551–560 (2021)

21)　I. Lahdelma, J. Armitage and T. Eerola: Affective priming with musical chords is influenced by pitch numerosity., Musicae Scientiae, **26**, 1, pp.208–217 (2022)

22)　S. Koelsch, T. Gunter, A. D. Friederici and E. Schröger: Brain indices of music processing:"nonmusicians" are musical, Journal of cognitive neuroscience, **12**, 3, pp.520–541 (2000)

23)　B. Maess, S. Koelsch, T. C. Gunter and A. D. Friederici: Musical syntax is processed in Broca's area: an MEG study., Nature neuroscience, **4**, 5, pp.540–545

（2001）

24) S. Leino, E. Brattico, M. Tervaniemi and P. Vuust: Representation of harmony rules in the human brain: Further evidence from event-related potentials, Brain research, **1142**, 20, pp.169–177（2007）

25) E. B. J. Coffey, T. Nicol, T. White-Schwoch, B. Chandrasekaran, J. Krizman, E. Skoe, R. J. Zatorre and N. Kraus: Evolving perspectives on the sources of the frequency-following response, Nature Communications, **10**, Article number: 5036（2019）

26) G. M. Bidelman and A. Krishnan: Neural correlates of consonance, dissonance, and the hierarchy of musical pitch in the human brainstem, Journal of Neuroscience 29.42, pp.13165–13171（2009）

5 演奏科学と音楽音響情報学

　本章では，演奏科学と音楽音響情報学について述べる。演奏科学とは，演奏者の超絶技巧とも呼べる卓越した技術を科学技術によって調査し，演奏の教育や演奏技術の向上など，演奏において実践的に役に立つ理論を実験的検証によって解明する科学である。1989 年から開催されている音楽知覚認知国際会議（ICMPC：International Conference on Music Perception and Cognition）や 2007 年から開催されている演奏科学国際シンポジウム（ISPS, International Symposium on Performance Science）などの国際会議で活発に議論されている。

　音楽音響情報学とは音楽に関する音響学に基づいた情報科学としての学問であり，音響学と情報学を軸として広く音楽を調査研究し，音楽にまつわる技術を展開する分野として位置づけられる。本章では，それらに参入するための初学者と専門家を対象とし，代表的な技術や研究について紹介する。

5.1 MIDI

　MIDI（musical instruments digital interface）が，1980 年代初頭において複数の楽器メーカーや電機メーカーの合意により発足した。MIDI はその後，異なる電子楽器の間でやり取りする信号を規格化し，MIDI 規格を満たした電子楽器も多数使用可能であり，電子音楽における事実上のスタンダードな規格である。異なる楽器間の接続では「MIDI ケーブル」と呼ばれる DIN 規格 15 ピンのコネクタにより，31.25 kbps の速度で情報伝達を行う。MIDI の企画書「MIDI1.0 規格書 PDF 版」は音楽電子事業協会（略称 AMEI）のホームページ

上で公開されており，ダウンロードして読むことができる[1]。ここでは演奏科
学と音楽音響情報学に関わる内容について述べる。まず，MIDI 機器の接続を
図5.1に示す。MIDI 規格に従ったデータを MIDI シーケンサに入力すると，
MIDI 信号がシーケンサから音源に送られる。MIDI 音源は送られてきた信号か
ら音響信号を生成し，出力する。

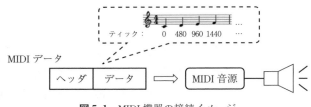

図5.1　MIDI 機器の接続イメージ

5.1.1　**MIDI のおもな特徴**

　MIDI を利用する目的にも依存するが，音楽情報処理の研究に用いる場合に
有用と考えられるおもな MIDI 情報を**表5.1**に示す。譜面上の記号を MIDI で
表す変換について示す。

　MIDI の音の高さは 7 ビット，つまり 0 ～ 127 の間で表される。標準的なピア
ノの鍵盤数は 88 であるので，この範囲で表現可能である。A4 = 440 Hz とした
場合に，C4 を 60 として定義し，最小単位の 1 を半音とする。**ヴェロシティ**は，
英語では速度を表すが，MIDI では音の強さを表し，7 ビット，つまり 0 ～ 127 の
範囲で表す。MIDI のヴェロシティ値は，騒音レベルやラウドネスとの厳密な
対応関係はなく，単に音の大小関係のみをもつ。したがって，単独音の音圧レ
ベルやラウドネスを適宜測定しなければならない。スピーカーやヘッドホンな
どで出力する間であれば，dBFS（Full Scale）が用いられる。つまり，ソフト
ウェア上での音圧レベルをフルスケールから何 dB 落ちているかによって表
す。一方，スピーカーで音響放射する場合は，適切な位置に騒音計を設定し，
所望の特性（A 特性や C 特性など）の設定で騒音レベルを測定するか，ある
いはそのマイクロホンを用いて録音し，等価騒音レベルを測定する方法などが

表5.1　おもな譜面上の記号と MIDI 情報の対応関係

内容		MIDI	範囲	記号[*1]
高　さ		ノートナンバー	0～127[*2]	9n <note> <vel>
強　さ		ヴェロシティ	0～127	9n <note> <vel>
長　さ		デュレーション	ティック値 ノートオンからノートオフまでのティック値	9n <note> <vel> deltatime 9n <note> 00
テンポ		テンポ	システム依存	FF 51 03 tM tt tL
拍　子		拍子	システム依存	FF 58 04 nn dd cc bb
調		マスターコースチューニング	−64～+63 半音	F0 7F <ID> 04 04 00 cc F7
チューニング	楽器全体	マスターファインチューニング	−100～+100 Hz[*3]	F0 7F <ID> 04 03 fL fM F7
	単一楽器	ファインチューン		Bn 65 00 [Bn] 64 01 [Bn] 06 <MSB> [Bn] 26 [LSB]

*1　<note> はノートナンバー，<vel> はヴェロシティ値，n はチャンネル番号，M は MSB，L は LSB を示す。
*2　ピアノの鍵盤は 21～108 である。
*3　A＝440 Hz を 0 とする。

ある。繰り返すが，MIDI のヴェロシティ値はそういった音響測定の結果ではないため，厳密にいうと間隔尺度ではなく順序尺度としてとらえる必要がある。そのため，例えば「ヴェロシティ値で 80 は 40 と比べて倍の強さ」「ヴェロシティ値が 60 と 40 の音を同時に鳴らしたら 100 になる」などは成り立たない。

　デュレーションは音の長さを表す。MIDI の場合，**オンセット**は音の立ち上がり，**オフセット**は音の消失となっているが，厳密な意味ではどちらもあいまいである。つまり，オンセットとは，音が鳴り始める時刻であり，騒音レベル，または dBFS 上でのある一定の基準があるわけではなく，単に固有の波形が発生する時刻となる。オフセットは音が完全に消失した状態では必ずしもなく，オフセット後に多少の残響が残ることもある。デュレーションとは，このオンセットからオフセットまでの時間長を表す。MIDI では**ティック**と呼ばれる独自の時間管理単位をもち，MIDI シーケンサ上で設定される全体のテンポ値に

よって定まる。音の種類のことを MIDI では音色（ねいろ）と書いて「おんしょく」と呼ぶことが多い。例えば，ピアノの音やギターの音といったように，単に楽器の種類のことをそのように呼ぶ。しかし，JIS 規格では音色は「ねいろ」と定義されているので，「おんしょく」は多くの音楽家によって俗称として使われた呼び名といえ，「楽器の種類」や MIDI では「プログラムナンバー」などが適切である。

　テンポ値を G, 1 拍のティック数を N とすると，あるティック k に対応する実時間長 T は式 (5.1) で求められる。

$$T = k \times \frac{60}{G \times N} \quad \text{〔s〕} \tag{5.1}$$

　例えば，テンポ値が 120 bpm とし，一つの拍が 480 ティックで表されているとすると，8 分音符の実時間長は 250 ms が得られる。1 ティックより細かい時間単位を MIDI で表すことは不可能である。MIDI 記録時の時間分解能は，記録時のテンポ値を上げることで見かけ上向上する。

　例えば，1 拍が 480 ティックで表される場合，120 bpm の場合は 1 ティックは式 (5.1) より，1.04 ms に相当するが，240 bpm にすると，0.52 ms となり，見かけ上，時間分解能は向上する。しかし，MIDI ケーブルの伝送速度は，31.25 kbps に制限されるため，転送速度に上限があることから，実際の時間精度はそれほど高くない。再生時には，MIDI シーケンサからの送信速度と，音源での音響信号への変換がいずれも満たすのであれば再生は可能となるが，そのどこかでボトルネックが生じた場合には遅延または再生されないといったエラーが生じる。演奏記録でも同様となる。

　演奏を再生する際の音の高さの微小な調整（いわゆるチューニング）は，マスターチューニングで行うことができる。セント値で調整可能である。

5.1.2　MIDI のデータベース

　MIDI はそれ自体が演奏情報を表すものの，楽譜形式で編集可能なソフトウェアの登場により楽譜形式，特に西洋記譜法に変換可能である。**図 5.2** にその例

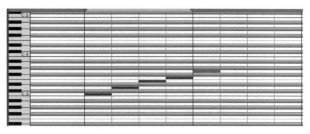

（a）　ピアノロール

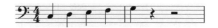

（b）　譜面情報（小節線上の場合）

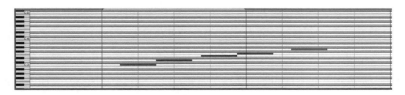

（c）　（a）と同じであるものの開始タイミングが異なるピアノロール

（d）　譜面情報（小節線上とならない場合）

図5.2　MIDI データの表示例

を表す。最初の MIDI の演奏情報記録は，横軸が MIDI ティック，縦軸がノートナンバーの**ピアノロール**形式で表される。この形式に，4／4などの拍子情報を用いて小節線を追記すると，図5.2（a）のようなピアノロール形式となる。次に，このピアノロール形式を図5.2（b）のような楽譜形式に変換することもできる。

　楽譜情報に変換するうえでは，時間情報の表現において問題がある。1点目は，オンセットの表現である。ピアノロールでは横軸を MIDI ティック，半音を単位とする音高を縦軸に表す。ピアノロール上では棒グラフによって時間タイミングを表すが，譜面上では西洋記譜法に従って表すので，表すことのでき

る細かさに違いが生じる。西洋記譜法では，32 分音符やさらに細かい符号で表すことができるものの，ティックの細かさには及ばない。したがって，ピアノロールを西洋記譜法に変換するためには，ティック値の範囲と音価を対応づけることで，自動変換を行う。その例を**表 5.2** に示す。

表 5.2 ティックからの変換例

音符名	下限		中央		上限
4 分音符	360	～	480	～	640
8 分音符	180	～	240	～	320
16 分音符	90	～	120	～	160

(4 分音符 = 480 の場合)

　また，メトロノームに合わせて演奏し，それを MIDI で記録する場合に，通常拍時刻とティック値が完全に一致することにはならないので，ずれが生じる。その結果，演奏をそのまま記録した MIDI 信号をそのまま記録すると，ピアノロール表現としては問題にならないものの，それを意図した譜面のとおりに表示されることは期待できない。より具体的には，発音タイミングと音長である。タイミングが 120 だけずれると，16 分音符として表示される（図 5.2 (d) の三つ目の音 E3 の場合）。また，デュレーションが 250 ティックの場合は，4 分音符ではなく，8 分音符として表示される。よって，譜面への変換は，意図したとおりにはならない。

　このように，MIDI 信号上では各音の時間長がティックによって表されるため，西洋記譜法による表記とは必ずしも一致しない。つまり，世の中に存在する MIDI データベースとしては，譜面に変換した場合に，その演奏情報によって，演奏時に奏者が意図した楽譜が得られることではなく，むしろ演奏時の表現が可能限り保持されている。

　また，譜面上のテンポ変化に対しても考慮が必要である。西洋記譜法では，譜面上にテンポ変化の指示を示すことができる。例えば，「♩＝120」とあれば，「4 分音符を 120 bpm で演奏せよ」の意である。楽曲の途中で，「♩＝160」とあれば，演奏者は 160 bpm で演奏する。MIDI でもテンポ値の変化を指示する

ことができる。表 5.1 に示すように，「FF 51 03」という 16 進数表示で 4 バイトの文字を三つ用いることでテンポ値を指示できる。しかし，演奏を記録する際には，テンポ変動の指示は通常行わずに記録するために，西洋記譜法での五線譜に変換した場合は容易に読み取ることが困難な形式でしか表示されない。

　さらに多数パートからなる MIDI データについて述べる。MIDI では，トラックという概念があり，異なる演奏情報を並列に保存することができる。MIDI トラックはそのバイナリでは 2 バイトで表記されるので，一般には 16 トラックまで保存できるが，拡張させることも可能である。オーケストラの指揮者が用いる譜面などを想像するとわかるように，16 以上のパートが同時に進行するので，16 パートでは現実の音楽を考えた場合には十分でないことが多い。そこで，各パートにはテキスト情報やピアノやギターといった音色情報を埋め込むことができるので，DTM や音楽制作ではそのように区別することができる。特にポピュラー音楽のような軽音楽を考えると，ボーカル，ギター，シンセ，ベース，ドラムといった少ない楽器による構成となるので，16 トラックでも不十分とはならない。ただし，多重録音やリードパートが多数の楽器で構成される場合などを考えると，複数のトラックに単一のパートが分割される。例えば，リードパートが複数のトラックの分割される場合とは，第一，第二，第三パートにリードパートが点在するような場合である。トラックごとに音色を決定でき，かつ楽曲の途中で変更もできるので，単一のパートが単一のトラックで表現されるとは限らない。しかし，通信カラオケのように，MIDI データが複数の場所で用いられる場合には，その取り決めが必要である。

　なお，音列の特徴の統計データからそのパートがどのパートに該当するのかを自動判定をした研究が報告されている[2]。

5.1.3　MIDI の問題点

　MIDI が潜在的にもつ問題点には，記録時の誤差と再生時の誤差がある。その誤差には，ジッタつまり基準時刻からの遅延と，そのばらつきつまり不安定さがある。どちらも MIDI の規格で定められた内容としての問題点であり，そ

れらについては文献 3) を参考にされたい。ここでは，MIDI を演奏科学および音楽音響情報学の観点から見た問題点を述べる。

〔1〕 **打ち込みの手間と妥当性**

MIDI は譜面としての妥当性と，演奏音の妥当性を表現すべきである。

ところが，譜面は音価のみを表し，MIDI はつまり，音価を譜面通りに MIDI で再現した場合は，テンポ変化の命令を用いて演奏音としての妥当性を確保する必要がある。

〔2〕 **音 価 の 記 述**

音価とは，譜面上の長さをいい，例えば「4 分音符の音価は 8 分音符の 2 倍である」となる。一方，音長とは，その音符の実時間長をいい，例えば「ある 4 分音符は 200 ms で演奏される」ということを表す。MIDI 信号は音長を表すといえるが，音価については情報を保存できない。よって，五線譜などの西洋記譜法への変換は一定の解釈のもとで行われていることに気をつけなければならない。

5.2 演 奏 科 学

20 世紀初頭の Seashore 学派による演奏を対象とした研究を発端とする音楽演奏研究は，心理学，音響学，教育学，音楽学，情報学，医学といったさまざまな分野の研究から構成される。演奏の研究は，古くは ICMPC（音楽知覚認知国際会議）で議論され，その後，ISPS（演奏科学国際シンポジウム），Neuromusic（音楽神経生理学会）など，議論の幅が広がっている。さらに，コンピュータと音楽に関する ICMC（国際コンピュータミュージック会議）や NIME（音楽表現のためのインタフェイス学会）といった情報処理に関する会議でも数多く議論され，世界中のさまざまな会議において研究が進んでいる。

一般に演奏を分析するには，その演奏を行う奏者またはその聴取者らから何らかのデータを取得する必要がある。**図 5.3** に演奏に関係するデータの一覧を

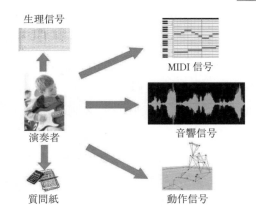

生理信号

MIDI信号

演奏者

音響信号

質問紙

動作信号

図5.3 演奏から得られる信号の例

示す。演奏者からは，**脳波**，**筋電**といった奏者の身体から得られる**生理信号**，また**印象**や**内観報告**などといった奏者の行動から得られる情報を記録するための**質問紙**，演奏情報を音の立ち上がり，立下り，および強さの情報を記録されたMIDI形式のデータとして記録するMIDI信号，また発された音をマイクロホンによって電気信号に変換し，ディジタル化によって取得する**音響信号**がある。さらに，奏者の身体の動きをモーションキャプチャやカメラによって記録することで得られる**動作信号**がある。奏者に対する研究手法についてボトムアップに考えると，前述のいずれかのデータ，またはその複数を組み合わせて分析することになる。

　生理信号を記録するには，微弱な生体信号を記録するための専用の機材が必要となる。脳波計は近年では安価な記録機材が利用可能である。筋電，心拍といったデータも比較的安価な取得システムを得ることができる。脳神経科学の分野として音楽演奏研究を実施するには，MRI，NIRS，PET，MEGなどといった大型の測定装置が必要になる。質問紙による実験では，SD法や谷口によるAVSM[4]といった評定尺度を用いたデータ取得が可能である。さらに，実験者による比較的に自由な課題が設定できる。質問紙の代わりに，パソコンや情報端末を用いた回答入力ももちろん可能である。

　MIDI信号を得るには，MIDI信号が出力可能な電子楽器を用いる必要があ

る。また，出力された MIDI 信号を記録するための MIDI シーケンサも必要になる。さらに，リアルタイム性を確保するには，MIDI 記録における時間精度の確保も必要となる。音響信号の取得は近年のパソコンの普及によりたやすいものになった。コンプレッサやリミッタの利用により波形を変形させる場合もあるが，比較的容易に音響信号を録音できる。分析には，KTH（スウェーデン王立工科大）で開発された音声分析ソフトウェア Wavesurfer や Univ. of London Queen Mary で開発された Sonic Visualiser といったオーディオ波形を編集可能なソフトウェアが利用可能である。動作信号を記録するには，モーションキャプチャなどの大掛かりなシステムが必要となる。Microsoft 社による Kinect を用いることで，簡易的な骨格レベルの動作を記録することができる。

　次に，演奏解析について述べる。高名で魅力的な演奏家による演奏は，超絶技巧と豊かな演奏表現から構成され，多くの研究者を魅了してきた。芸術表現の仕組みを知る手がかりを与えたのは，Seashore による**芸術的逸脱**である[5]。楽譜のある音楽において，実際に得られる演奏は，オルゴールのように譜面を機械的に均一に演奏したものではなく，一般に逸脱をもつ。Seashore は，この逸脱に演奏の芸術的な面が含まれると説明した。Seashore 学派と呼ばれる多数の研究者による成果が，彼の著書に収められている。芸術的逸脱の対象となった測定項目は，リズムなどの時間構造，高さ，強度，ビブラートの深さと速さ，など多岐にわたる。さまざまな作品に対するさまざまな演奏を多岐にわたって調査することで，その芸術的様相が調査された。また，演奏の芸術性だけではなく，作曲された音楽における形式や様相としての逸脱も芸術的逸脱に含まれる。なお，芸術的逸脱については 3.2.2 項も参照されたい。

　演奏の芸術性を調査するには，調査手段が必要となる。エジソンによる蓄音機の発明の後，音が記録されるようになり，演奏音の分析が可能になった。Seashore 学派が用いたものに**トノスコープ**がある。ストロボスコープの原理によって音の物理的な高さを周波数で計測できた。また，**ピアノカメラ**では，アップライトピアノのハンマーにつけられたスリットによってその演奏情報が記録された。その後，テープレコーダ，PCM 録音機，DAT，ハードディスクレ

コーダといった記録機器が進歩を遂げ，演奏音の分析が可能となった。また，MIDI の登場により，演奏情報の記録と再生も容易になった。例えば，ピアノ演奏における打鍵タイミングに注目し，IOI という音の立ち上がりタイミングの時間差に着目した演奏分析も行われた。芸術的な演奏を再現する方法として，譜面情報から演奏情報を生成する自動演奏表情づけ研究も盛んに行われた[6]。

　演奏の芸術性について，特に演奏の美しさや受け入れられやすさについての議論は，レップによる**平均演奏**の議論がある[7]。彼は複数の上手な演奏の打鍵タイミング，打鍵強度などを演奏者間にわたって平均することで，平均的に上手な演奏を合成し，その受け入れられやすさを調べたところ，比較的高い評価が得られたと説明している。これは，平均顔の研究になぞって説明されており，多くの人に気に入られる演奏を平均すると，集合として平均的に良い位置に布置することができるから，ベストではないものの平均的に良いものが得られるという理論である。

　その後，演奏の傾向曲線とその曲線からの逸脱のモデルが提案され，それぞれにおける熟達した演奏のモデルが調査された[8]。ピアノ単旋律演奏における運指情報をもとに傾向曲線をスプラインカーブによって記述し，そのスプラインカーブから得られた特徴量から熟達度を推定するシステムが開発されている[9]。また，芸術的な演奏の特徴を調べるために，演奏の傾向曲線に対して，その固有成分から特徴を調査するための**固有演奏**も提案されている[10]。

　Seashore の芸術的逸脱に基づくと，すべての芸術的な演奏には逸脱が存在し，それを適切に表すことでその芸術性が描写できる。演奏における芸術性を直感的に知るにはその視覚化が有効である。視覚化については，岩井俊夫が 1990 年代に制作したピアノの演奏音がスクリーン上に投影された光の点による動として表現された例がある。また，演奏における時間情報と強度情報を 2 次元平面内で移動するマーカによって表現された例もある[11]。演奏の良さや美しさを十分に知るには，今後さまざまな視覚化技術を用いて可視化し，深く検討することが望まれる。そのための技術開発が大いに期待される。

5.3　音響信号から取得する音響パラメータ

　従来，音響信号から取得される情報と，音楽情報として必要とされる情報には大きな乖離(かいり)があった。その理由として，音響信号と音楽特徴との関連があまり明確でなかった点と，音響信号処理を音楽に対して行うことがあまり盛んに行われなかったためである。ところが音楽の圧縮技術と記憶媒体の低価格化により，大量の音楽をユーザが扱うことができるようになってからはそのニーズが高まった。そうして音楽音響信号処理が特に 2000 年頃から急に発達した。それを実現したのは，特徴量を捉える技術と，とらえた技術から判別や識別を行う手段である。本節では前述の特徴量を捉える技術について述べる。

5.3.1　心理音響指標

　3.1 節で述べたように音響信号を数量として記述することは，心理音響指標として数多く研究されてきた。以下にその一部について述べる。

〔1〕　**ラウドネス**（3.1.1 項を参照）

　音響信号の心理的な音の大きさで，最も基礎的な指標といえる。ISO 532B で基準化され，計算方法もオープンになっている[12]。他にも多くの計算方法が提案，報告されている。

〔2〕　**シャープネス**（3.1.2 項を参照）

　心理的な音の鋭さに関する指標であり，「明るさ」とも関連が深い。ノイズを用いた実験に基づく計算法が示されており[13]，臨界帯域あたりのパワーと重みづけ関数によって表現される。

〔3〕　**変動強度**（3.1.3 項を参照）

　変動強度（またはフラクチュエーションストレングス）は音の変動感を表した指標である。正弦波による単純なモデルの計算法が示されており[13]，かつ時間変動を考慮した計算法もある[14]。音楽演奏では，例えばトレモロ奏法で表出

される音の知覚的特徴などを捉えるのに有効であると考えられる。

〔4〕 **ラフネス**（3.1.4 項を参照）

心理的な音の「粗さ」を定めたものである。臨界帯域現象と関連した心理指標の一つで，計算法はすでに確立している[13]。ただし，この指標は AM 音（振幅変調音）を用いた粗さの知覚実験に基づいているため，音楽のように周波数が大きく変動する素材に対しては，適合度が高いとはいえない。最近では新しいラフネス計算法の検討もなされている[15]。

〔5〕 **協　和　度**

二つの異なる純音に対する協和度を求める[16]ものであり，不協和の度合いを得ることができる。倍音を多くもつ楽器音の場合には，臨界帯域幅の範囲に入る成分音すべての組合せについて不協和度を加算することが通例であるが，不協和度の加算性についてはさらなる検証が必要である。しかし，ラフネスの項で述べたように，音楽のように周波数変動がある場合には，音の粗さや「汚さ」に対してロバストな指標であると考えられる。

5.3.2 音楽情報処理におけるパラメータ

次に音楽情報処理分野における音響パラメータの例を示す。

〔1〕 **RMS**

RMS（root means square）値の算出式を式（5.2）に示す。

$$RMS = \sqrt{\frac{1}{M} \sum_{i=1}^{M} x_i^2} \tag{5.2}$$

ここで M は分析フレーム内のサンプル数，x_i は第 i 番目のサンプル値を表している。

ラウドネスが心理的な音の大きさに対応する指標であるのに対し，RMS は物理的な強度と関連するものであり，その指標として用いることができる。

〔2〕 **ゼロクロス**（zerocrossings）

2.4.1 項〔1〕のゼロクロス法を参照されたい。ここではその解釈について言及する。単旋律の場合には基本的には基本周波数の推移，すなわちメロディ

に関する情報を示すが，通常の音楽のように複数の音高の音が同時に鳴っている場合，対応する事象の特定は困難である。

〔3〕 **振 幅 包 絡**

音響信号のエンベロープ成分である。解析信号を用いて求める方法や，単に音響信号の2乗に対してローパスフィルタを用いることで得る場合もある。ここから ADSR（attack，decay，sustain，release）を求めることができる。また，この振幅包絡をフーリエ変換することで，変動スペクトルを用いる場合もある。さらに，temporal central という指標もある。横軸が時間で，縦軸がパワーの図において，横軸方向のモーメント重心をとることで求める。エンベロープの時間軸上での相対的な重心が得られる。ADSR については，楽器音によっては境界の区別が困難な場合もある（特に D と S の区別）。

〔4〕 **spectral flux**

スペクトルの変動量を表す。連続する二つの分析フレームにおいて，フレーム間のパワースペクトルにおける各周波数ビン間の差の和の絶対値で表される。算出式を式 (5.3) に示す。

$$Flu = \sum_{n=1}^{N} \left(L_h[n] - L_{h-1}[n] \right)^2 \tag{5.3}$$

ここで N は分析フレーム内の周波数ビンの総数，h は分析フレーム ID，$L_h[n]$ は第 h フレームにおける第 n 周波数ビンのパワーを表している。周波数成分の変化の大雑把な量を見積もることができるため，さまざまな目的に用いることができる。

しかし，すべての周波数成分を同等に扱うため，聴覚にとって有効なまたは有効でない成分に関する考慮（例えば等感度曲線が示す情報の考慮）がなされていないため，その調整が望ましい。また，パワーによる正規化がなされていないため，RMS の指標との相関が高くなる傾向がある。

〔5〕 **Spectral Centroid**（スペクトル重心）

音の明るさを表す指標である。ある単一のパワースペクトルについて，周波数のパワーにその周波数を乗算した和の総和を，周波数のパワーの総和で除算

することにより求めることができる。算出式を式 (5.4) に示す。

$$Cen = \frac{\sum_{i=1}^{N} L_h[n] \times n}{\sum_{i=1}^{N} L_h[n]} \tag{5.4}$$

より明るい音になればなるほど，スペクトル重心は高い値を示す。

　式 (5.4) ではスペクトルの周波数も真数であり，パワーも真数となっているが，聴覚心理学的には，横軸についてはメル周波数や対数周波数，縦軸についてはパワーでなく dB 値を使ったほうが聴覚抹消系の実際の仕組みとの親和性が高くなるため，そのように改変することが望ましいと考えられる。また，孤立音に対して F0 との相対的な比率を用いたほうが音の明るさとの対応が良くなることが示されている[17]。

〔6〕 **MFCC**

mel-frequency cepstral coefficients の略である。分析フレーム内における音響信号の FFT 結果をメルバンドに変換したもののケプストラム係数のことであり，メルフィルタバンクを用いて変換するため，対象とする信号を少ないバンド数で単純化できる。よってフレーム内のスペクトルの概形が得られると解釈できる。

　このパラメータは音声研究由来のものであり，パラメータの値から何かを読み解くというよりも，機械学習などに用いることが多い。

〔7〕 **Spectral Rolloff**

パワースペクトルにおいて，低周波数帯域から全体に対して閾値（しきいち）で与えられた割合分布のエネルギーを振幅値に対する周波数の値によって表された値のことであり，例えば 95% や 85% などが設定される。パワースペクトルの主要成分がどの周波数までに存在するのかを表すことができる。95% の場合のスペクトルロールオフ値 *Roll* を求める算出式を式 (5.5) に示す。

$$\sum_{n=1}^{Roll} L_h[n] = 0.95 \times \sum_{n=1}^{N} L_h[n] \tag{5.5}$$

音楽全体を通しての聴感的な「明るさ」や「落ち着き感」と関係している。

〔8〕 **Spectral Flatness**

　パワースペクトルの平坦度を表す指標である。例えば，ホワイトノイズのような平坦な場合は1に近づく。スペクトラルフラックスを算出するためには，ある時刻において周波数解析を行った区間のパワースペクトルを周波数軸方向に任意のサブバンド（例えば24バンド）に分け，各サブバンドにおけるパワーの値を合計する。また，全サブバンド数のパワーの相乗平均を相加平均で除算することで求めることができる。算出式を式 (5.6) に示す。

$$Fla = \sqrt{\prod_{\lambda=0}^{A} \rho(\lambda)} \left/ \left(\frac{1}{\Lambda} \sum_{\lambda=0}^{A} \rho(\lambda) \right) \right. \tag{5.6}$$

ここで Λ はサブバンドの数，$\rho(\lambda)$ は λ 番目のサブバンドにおけるパワーの合計値を表す。スペクトラルフラットネスは，例えば調波複合音のような線スペクトルの場合はフラットでなくなり，ホワイトノイズのようなスペクトルの場合に平坦になることから，高さをもった音らしさ（tonalness と表現される[18]）を表すとされている。これに類似したパラメータとして「Spectral Crest Factors」というのもある。

〔9〕 **サブバンドピーク**

　分析フレームのパワースペクトルについて，パワーで降べきの順で並び変えた場合に，閾値 α で与えられた割合のパワーの平均値を示す。算出式を式 (5.7) に示す。

$$Pe = \log \frac{1}{\alpha\Lambda} \sum_{k=1}^{\alpha\Lambda} X(k) \tag{5.7}$$

例えば $\alpha = 0.2$ の場合，サブバンドピークは上位20%のパワースペクトルの平均値を表す。

　単に高いパワーをもつ成分の平均値を表しているため，人による解釈よりも機械学習などに用いるパラメータとして有効である。

〔10〕 **サブバンドバレー**

　サブバンドピークが最大のパワーからの割合であるのに対し，最小からの割合を表す。算出式を式 (5.8) に示す。

$$Ve = \log \frac{1}{\alpha \Lambda} \sum_{k=1}^{\alpha \Lambda} X(N-k+1) \tag{5.8}$$

例えば $\alpha = 0.2$ の場合，サブバンドバレーは下位20%のパワースペクトルの平均値を表す。

用途は，サブバンドピークと同様である。

〔11〕　サブバンドコントラスト

サブバンドピークの値 Pe からサブバンドバレー Va の値の差で表される。算出式を式 (5.9) に示す。

$$Cont = Pe - Va \tag{5.9}$$

例えばホワイトノイズの場合，全周波数ビンに対するパワーは等しいとみなせるので，サブバンドピークとサブバンドバレーはほぼ同一の値となることから，サブバンドコントラストはほぼ0になる。一方，パワースペクトル内で周波数ビンによってパワーが大きく異なる場合は，このサブバンドコントラストの値は大きくなる。

用途は，サブバンドピーク，サブバンドバレーと同様である。

〔12〕　Spectral Bandwidth（スペクトルバンド幅）

バンド幅とは，対象とする信号のスペクトルにおけるスペクトル重心からの距離とそのパワーを考慮した指標である。スペクトル重心付近にパワーが集中している場合は，バンド幅は狭くなり，逆にスペクトル重心付近にはほとんどパワーがなく低周波領域，および高周波領域の周波数ビンのパワーが大きい場合は，バンド幅は大きくなる。よって，高い周波数や低い周波数などのさまざまな楽器で演奏されている場合は，このバンド幅は広くなる。一方，周波数領域の近い音源ばかりから構成される場合は，このバンド幅は狭くなる。よって，心理印象としては，音楽の「迫力」に対応していると考えられる。算出式を式 (5.10) に示す。

$$Band = \sqrt{\frac{\sum_{n=1}^{N} \left\{ (L_h[n])^2 \times (v[n] - Cen_h)^2 \right\}}{\sum_{n=1}^{N} (L_h[n])^2}} \tag{5.10}$$

ここで $v[n]$ は，第 n 番目の周波数ビンにおける周波数値，Cen_h は h フレームにおけるスペクトル重心の値を表している。

〔13〕　Low Energy Feature（低周波成分の割合）

各分析フレームがもつエネルギーのうち，低周波成分（例えば 0〜500 Hz など）の周波数成分がもつエネルギーの割合を示す。算出式を式（5.11）に示す。

$$LEF = 10\log\left(\sum_{n=1}^{500\,\text{Hz}}\left(L_h[n]\right)^2 \middle/ \sum_{n=1}^{N}\left(L_h[n]\right)^2\right) \tag{5.11}$$

低周波成分の割合が大きいほど，暗い印象の音楽となることから，心理的な「明るさ」の印象に関係した特徴量であると考えられる。

5.4　音楽情報処理応用システムの例

5.4.1　単旋律譜に対するタブ譜面自動生成システム S2T

ギター演奏におけるタブ譜は，ギター指板上の押弦位置を従来の五線譜と同様の形式で書き示した楽譜であり，ギター初心者をはじめとする多くのギター演奏者に用いられている。タブ譜を演奏者が自ら書き記すこともあるものの，例えば市販されているタブ譜や他人が書いたタブ譜をそのまま用いるケースも多くある。ギターは弦の違いによって音色が異なるものの，エレクトリック・ギターに代表されるように音色をエフェクターと呼ばれる機器を用いて電気的に変換するなど，音色の変化がそれほど顕著ではない場合には，押弦位置の決定はおもに演奏のしやすさによって決まる。しかし，その演奏のしやすさとは，奏者や楽譜に依存するため，一意に決めることが難しい。

それを支援するために，演奏の負担を最小にする押弦位置決定法を提案し，それに基づいたタブ譜を自動生成するシステム S2T（Score to Tablature System）が開発されている[19]。S2T のシステム画面を**図 5.4**に示す。図より，譜面とそれに対応するタブ譜が生成されている様子がわかる。S2T はテキスト形式で記された譜面データを入力し，内部処理を経て最終的にタブ譜が出力される。内部処理では以下の処理を行う。

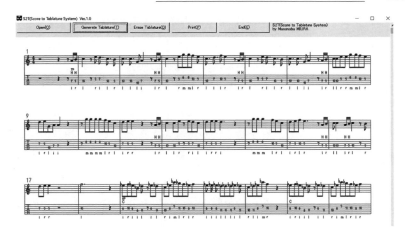

図5.4 S2T

① フレーズ分割

② 開始押弦位置の決定

③ 要求押弦幅を考慮した押弦位置決定

ここで要求押弦位置とは，時間軸上で分割された各フレーズ内において，最高フレットおよび最低フレットの差で定義される。特に，要求押弦位置が最小となる押弦位置系列が選択される。さらに，左手首の移動量を考慮し，その移動が最小になるように設計されている。

　S2T の出力結果の評価では，たしかに押弦位置の最適化により要求押弦幅を抑え，かつ左手首の移動量が最小となる押弦位置系列がタブ譜として出力されたものの，例えば同じフレーズの繰り返しに対して異なる押弦位置が出力されるなどの，経験上の問題が見られた。これは言い換えると，ギター奏者による押弦決定位置は，移動量最小基準でいうところの最適な押弦位置系列ではないことが示されたといえる。よって，S2T の出力から考察されることとして，人間の演奏では「あえて負担の大きい演奏をしている」ということが明らかになった。

5.4.2　ギターコード演奏における最適押弦位置決定システム YG

S2T は単旋律に対して最適なタブ譜を生成するシステムであったが，このスタイルはソロ演奏やソロパートを演奏する場合の想定であった。これとは異なる演奏形態として，例えばギター弾き語りによるシンガーソングライターのように，ギターではおもにコード演奏のみを行うような形態も一般的である。ところがこのようなコード演奏を初心者が実施しようとしても，複数の弦を難なく押弦することはたやすいことではない。例えば，セーハを用いた押弦はその例といえる。一般に C メジャーなどのコード名は，クロマの組合せからなり，7度音や 9 度音のような根音からの距離を保つことが指示された音高以外についてはそのオクターブ関係はギターにおいては厳密に定義されることはない。別の言い方をすると，鍵盤楽器でいうヴォイシングは比較的自由である。よって，クロマによる定義から音高への割り当ては，おもに手指の構造とギター指板上の構造に依存することになり，コードネームに対して複数の押弦位置が利用可能となる。しかし，この押弦位置の可能性は与えられたコードネームに対して一般に複数存在する。よって，その最適化の可能性が見出される。

　この状況に対して提案されたシステムが YG（You are never afraid of a Guitar）[20] である。YG ではユーザが入力したコードネーム列から，可能なすべての押弦位置を列挙し，次に各押弦位置（ギターではポジションなどと呼ばれる）に対する可能な押弦指のパターンをすべて列挙する。その後，そのコード進行からすべての押弦パターンの遷移時に生じる指移動をコストとして算出し，全経路の中から負荷最小となる押弦位置パターンを探索する。この際，入力されたコード列に対して考えられる押弦可能なコードフォーム列の中から，実演奏時のミスの量より最小 2 乗法によって求めた負荷値に基づいて，押弦時の指配置やコードチェンジ時の指の動きに対する負荷力が最も軽くなるコードフォーム列を奏者に応じて決定するシステムである。奏者に応じた負荷を個別に求めることによって，奏者の手の構造上，どうしても押弦が困難なコードフォームを除外することができることや，反対に容易なコードフォームを優先的に提示することができるなど，奏者に特化したコードフォーム列を提供する

ことができる。YG を利用することにより，奏者にとって困難である押弦を極力除外したコードフォームを提供することができ，簡単な楽曲のコード列演奏を練習する段階で挫折してしまう初心者を救済することができる。

　YG はこのように最適化できているものの，演奏時における指の動作については個人差が多く，必ずしも個人に最適なパターンが算出されるわけではないという問題があった。その後，同じ著者らによって改良法が提案されている[21]。改良法では，「コードチェンジ時のフレット位置移動」「2 弦セーハ」など計 12 もの項目に対して，5 指による押弦を仮定し，各々の演奏負荷量を個別に求め，それを計測するためのテストコード進行を作成し，その演奏と演奏時における押弦のミスを MIDI ギターによって測定する。その後，各項目の相対的な難易度を参加したギター奏者それぞれに個別に求め，ギター奏者の特徴に合わせた負荷量が最も低い押弦位置フォームを出力している。出力結果の評価実験により，その妥当性が確認されている。つまり，個人の特性に合わせたコードフォーム列の探索の有効性が示されている。

5.4.3　年代推定システム

　2000 年頃に登場した mp3，AAC といった圧縮方式の登場により音楽データのファイルサイズが抑えられたことと，ハードディスクやメモリといった記憶媒体の低コスト化により大量の音楽データを扱うことができるようになってから，ユーザが何百，何千といった音楽データを扱うことができるようになった。そのような時代背景から，音楽の波形データを直接扱う研究ニーズが高まり，**MIR**（music information retrieval）と呼ばれる研究分野が普及した。その後，著作権問題により，ユーザが大量の音楽ファイルを所有するスタイルよりも，定額制の音楽データを配信するサービスが普及した。特にわが国では 2015 年頃から本格的に普及し，現在では数千万曲といった音楽が配信サービスとして利用可能となっている。そのような大量の音楽をユーザが難なく聴取するには，検索エンジンは欠かせない。そのため，楽曲のタイトルやアーティスト名による検索だけでなく，ムードによる検索なども可能となっている。例

えば岡田らによる年代推定システム[22]では，入力された楽曲ファイルから，その音楽の公開年代を推定することができる。通常，音楽のタイトルやアーティスト名，レーベルなどがわかれば音楽タイトルを特定できるので年代の推定は必要ではないが，音楽配信サービスでは例えば「昭和っぽい音楽が欲しい」のような検索も必要となる。つまり，「年号が昭和であった時代の曲というよりも，平成が年号であった時代に公開されているものの，昭和時代の雰囲気に近い音楽が欲しい」というニーズである。果たしてそのようなニーズがあるのか，というところではあるが，大量の音楽が聴取可能となり，ユーザにとっては思いついた音楽が即座に聞くことができるようになったあとは，そのような検索によって希望の音楽を探すことが望ましいといえる。

図 5.5 に岡田ら[22]によるシステムの概観を示す。このシステムでは，入力された音楽ファイルに対して，その音響信号から得られた特徴のみを用いて，年代を推定している。図 5.5 の場合は，1970 年代の確率が最も高く，その次に高い確率が 1980 年代としている。このシステムではタイトル情報などのタグ

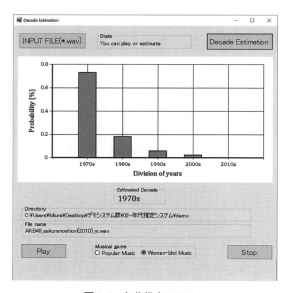

図 5.5 年代推定システム

情報を一切用いずに推定できるため，レコーディングの影響を受けるものの，音楽の構造に基づいた推定も行われている。

5.4.4 サビメドレーシステム

近年では，音楽データに対する分析だけでなく，ユーザの聴取状況に合わせた音楽配信も提案されている。例えば山口らは，音楽の聴取状況をユーザの内的状況（例えば，「良い気分」「疲れた」「寂しい」など）と外的要因（例えば「通勤・通学中」「気分転換がしたい」「朝の目覚め」など）のように分割し，それぞれの聴取状況合わせた音楽推薦を行っている。特に，複数の楽曲ファイルからサビ部分のみを抽出し，かつ音楽データをクロスフェードで接続する際に，連続する2楽曲間での拍を同期させる「ビートシンクロ」を実現している。これらの技術により異なる音楽をスムーズに接続することができ，ユーザにとって聞きやすい音楽配信サービスを実現している。そのシステムの例を**図5.6**に示す。

図5.6 サビメドレーシステム

引用・参考文献

1) 社団法人音楽電子事業協会：MIDI1.0 規格書，http://amei.or.jp/midistandard-committee/MIDI1.0.pdf（2023 年 11 月現在）

2) Y. Abe, Y. Murakami and M. Miura: Automatic arrangement for the bass guitar part in popular music using principle component analysis, Acoust. Sci. & Tech., **33**, 4, pp.229-238（2012）

3) 三浦雅展：MIDI 規格の問題点と今後の展望，日本音響学会誌，**64**, 3, pp.171-176（2008）

4) 谷口高士：音楽と感情の心理学，pp.68-88，北大路書房（1998）

5) C. Seashore: Psyochology of Music, 29, McGraw-Hill（1938）

6) 橋田光代，片寄晴弘，平田圭二：Rencon の現状報告と ICMPC-Rencon'08 の実施計画について，情報処理学会研究報告音楽情報科学，2007-MUS-071, pp.143-148（2007）

7) B. Repp: A microcosm of musical expression. III. Contributions of timing and dynamics to the aesthetic impression of pianists' performances of the initial measures of Chopin's Etude in E Major, J. Acoust. Soc. Am., **106**, 1, pp.469-478（1999）

8) 三浦雅展，江村伯夫，秋永晴子，柳田益造：ピアノによる1オクターブの上下行長音階演奏に対する熟達度の自動評価，日本音響学会誌，**66**, 5, pp.203-212（2006）

9) 加藤久喬，江村伯夫，三浦雅展：ピアノ音階演奏を対象とした学習支援システム，日本音響学会誌，**70**, 6, pp.273-276（2014）

10) 宮脇聡史，三浦雅展：固有演奏を用いたピアノ熟達度の評価基準における多様性の可視化手法，日本音響学会誌，**72**, 10, pp.617-626（2016）

11) G. Widmer and W. Goebl: Computational Models of Expressive Music Performance: The State of the Art, Journal of New Music Research, **33**, 3, pp.203-216（2004）

12) E. Zwicker, H. Fastl, W. Ulrich, K. Kurakata, S. Kuwano and S. Namba: Program for calculating loudness according to DIN 45631 (ISO 532B), J. Acoust. Soc. Jpn (E), **12**, 1, pp. 39-42（1991）

13) H. Fastl and E. Zwicker: Psychoacoustics Facts and Models, Springer（2006）

14) 安井希子, 三浦雅展, 片岡俊章：不均一な変動を含むオートバイ排気音に対する Fluctuation Strength の推定, 電子情報通信学会論文誌, **J95-D**, 3, pp.578-587 (2012)

15) 安井希子, 三浦雅展：AM 音の振幅形状が Roughness 知覚を変えるのか？, 日本音響学会 2011 年春季研究発表会, 2-1-4, pp.1013-1016 (2011)

16) A. Kameoka and M. Kuriyagawa: Consonance theory, part I: Consonance of dyads, J. Acoust. Soc. Am., **45**, 6, pp. 1451-1459 (1969)

17) M. Yamasaki and M. Miura: Proficiency estimation for audio of cello performances, Proc. of Forum-Acusticum (2014)

18) Y-H. Yang and H. H. Chen: Music Emotion Recognition, pp.35-54, CRC Press (2011)

19) M. Miura, I. Hirota, N. Hama and M. Yanagida: Constructing a System for Finger-Position Determination and Tablature Generation for Playing Melodies on Guitars, System and Computers in Japan, **35**, 6, pp.10-19 (2004)

20) N. Emura, M. Miura, N. Hama and M. Yanagida: A system giving the optimal chord-form sequences for playing a guitar, Acoust. Sci. & Tech., **27**, 2 pp.104-107 (2006)

21) 江村伯夫, 澤山康二, 三浦雅展, 柳田益造：弾き易さを考慮したギター・コードフォーム列探索システム, 日本音響学会誌, **64**, 2, pp.73-83 (2008)

22) 岡田颯太, 山口翔也, 三浦雅展：女性アイドルポピュラー音楽を対象とした動的パラメータによる年代推定システムの構築, 日本音響学会誌, **74**, 7, pp.363-371 (2018)

音楽音響学から芸術へ

　ギリシャの哲学者ピタゴラスが音律を数学で説明しようとしたように，音楽と音響学は古くから密接な繋がりをもってきた。特に楽器制作のための音響学は音楽の進歩に大きく貢献した。また建築音響の分野でも，残響時間をはじめとするさまざまな音響指標は，音楽をいかに聴衆に聞かせるかということから発展したといえる。楽器にしてもコンサートホールにしても，古くから良いと評価されているものの物理特性を調べて，その中のどのような特徴が人の評価と結びついているのか，という研究がこれまで多く行われている。しかし，いまだにその全貌は明らかになっていない。また録音技術や電気音響技術は，おもにポピュラー音楽を中心とする音楽の発展に大きく寄与した。本章では，これまで音響学をはじめとする科学技術が音楽に果した役割について録音技術やホール音響，空間音響再生技術などを中心に概観し，今後の音楽音響学の課題について考察する。

6.1　音楽音響学と芸術の接点

　音楽と科学は，古くから接点がある。紀元前6世紀ギリシャの哲学者ピタゴラスが，音程を整数比で表せると考え，2：3の比でできる完全5度を重ねていくピタゴラス音律と呼ばれる音階を考案したことはよく知られている[1]。

　現在の自然科学の基礎となったのは，ピタゴラスに続くソクラテス，プラトン，アリストテレスに代表される紀元前5世紀のギリシャ哲学だといわれている。特にプラトン哲学の「イデア」の思想は，ピタゴラスが音楽を数学的な概

念としてとらえようとしたことと共通した考え方といえる。一方で「経験」と
「観察」から自然界をとらえようとするアリストテレスは，音楽を人間が感性
として受け止めるものと考え，音楽を自然科学から切り離した[1]。

　その後，自然科学のさまざまな分野ではプラトン的な考え方とアリストテレ
ス的な考え方が交錯しながら発展し，特に中世ヨーロッパでは，アリストテレ
ス的な考え方が席巻した。そして，16 世紀後半ガリレオによって，初めて「プ
ラトンの数学主義」と「アリストテレスの現実主義」が統合されて，自然界の
現象を定量的に記述する近代科学が生まれたといえる。音に関しても，ガリレ
オは空気の振動が人の鼓膜に達したときに音が生じると考え，物理的な音と人
間が感じる音を初めて明確に区別した。また，17 世紀には「万有引力の法則」
のニュートンは音速を導く公式を提案し，1662 年にはボイルがゲーリケの発
明による「真空ポンプ（1650 年）」を用いて，音が真空では伝わらないことを
実証した[1]。

　このように，17 世紀から始まった近代科学の流れは，19 世紀の物理学者ヘ
ルムホルツに受け継がれ，音響学と音楽がより科学的に論じられるようになっ
た。楽器の音色が基音の整数倍で生じる倍音構成，強さによって決定されるこ
とを明らかにしたことや，母音のホルマントが声道の形によって生じること，
また内耳で音の高さと音色を検知できる機能についての理論を発表するなど，
現在の音響学の基礎はヘルムホルツによって作られたといえる。彼が著した
「On the Sensations of Tone (1863)」[2]や，彼の功績を引き継いだレイリー卿の
「Theory of sound (1877)」[3]は，音響学の古典ともいえる名著であり，今でも
音響学の基礎を学ぶうえで重要な参考文献として多くの研究者に引用されてい
る。ヘルムホルツもレイリー卿も上記の研究以外にも多くの重要な功績を残し
ているが，彼らの音の研究の原点にあったのは，バイオリンの弦がどのように
振動するかといった，「音楽を科学でいかに説明できるか」という命題であっ
た。

　また建築音響の分野でも，**残響時間**をはじめとするさまざまな音響指標は，
音楽をいかに聴衆に聞かせるかということから発展したといえる。残響時間を

求める公式で知られるセイビンの研究も，1895 年にハーバード大学の講堂で
どうすれば言葉を明瞭に聞かせることができるかということがその発端であっ
た。その後，西洋の近代化によって生まれたオーケストラ，そしてそれを多く
の人に聞かせるためのコンサートホールの需要によって，セイビンが拓いた研
究分野は，「音楽をいかに心地よく聴衆に届けることができるか」という目的
のため，多くの音響研究者が取組んできている。

　楽器にしてもコンサートホールにしても，最新の音響理論を駆使して作って
も，理論どおりにいかないことのほうが多い。そこで古くから良いと評価され
ているものの物理特性を調べて，その中のどのような特徴が人々の評価と結び
ついているのか，という研究についてもこれまで数多く行われている。例え
ば，17 ～ 18 世紀にイタリアの名匠ストラディバリによって作られたバイオリ
ンは，いまだにその価値が高く評価されており，その秘密について多くの研究
が行われているが，その全貌は明らかになっていない。単純に楽器の形や素材
といった物理的な知見だけでは説明できない事象が，まだまだある。また，建
築音響の研究者として知られるベラネクが，1962 年に当時の最先端の音響に
関する理論を駆使して手がけたニューヨーク・リンカーンセンターのエイヴ
リー・フィッシャーホールは，開館当初から評判が悪く，何度も音響改修が行
われたことはよく知られている[4]。

　音楽が人の内面を表現し，それを伝えるための道具として楽器やホールがあ
るとすると，楽器やホールそのものの物理特性だけではなく，そこで出された
音を聞いて演奏する演奏家，それを聞いて評価する聴衆の存在を考慮に入れた
研究が今後ますます重要になってくるであろう。

6.2　先端芸術に用いられる技術

6.2.1　録音技術の誕生と音楽制作に果たした役割
〔1〕 蓄 音 機 の 発 明
技術の進歩はさまざまな芸術分野に影響を与えている。例えば 15 世紀に

グーテンベルクが発明したといわれる活版印刷技術は，羅針盤や火薬と並んでルネサンスの３大発明といわれるほどさまざまな分野に影響を及ぼした。芸術分野においても文学や絵画の歴史に大きな転換点をもたらしている。それは，音楽の歴史においても，例外ではない。これまで音楽は演奏者が口伝や手書きによる独自の記譜法によって伝えられてきたが，16世紀に楽譜の印刷技術が確立されたことで，一般の人々が簡単に楽譜を手に入れることができるようになり，音楽の普及に大きな貢献を果たした。また，これまでは聞いた人の記憶の中にしか残らなかった音楽が，楽譜という形をとることで，作曲家が作った作品として歴史に残っていくことになる。

　エジソンが1877年に発明した蓄音機によって始まった録音技術は，音楽を再現可能なものとした画期的な技術であり，印刷技術の発明に相当する大きな歴史的転換点を作った。音の記録のアイデア自体は，エジソンに先立ち1857年にフランスのスコットが考案したフォノトグラフが世界初であるといわれているが，これは記録ができただけで，当時の技術では再生することはできなかった。また，エジソンがフォノグラフの原理を考案した1877年7月よりも前に，フランスの科学者クロスもエジソンとほぼ同じ原理で円盤式の蓄音機に関する論文を同年4月に提出していたが，フランスのアカデミーがそれを取り上げるのが遅かったことと，特許出願や実際に作成して実証実験する資金がなかったため，世界初の栄誉はエジソンのものとなった[5]。

　エジソンの発明したフォノグラム（**図6.1**）は，振動板の先に取りつけられた針が円筒に貼られた錫箔に音の振動を刻むという仕組みで，その後筒型の蝋が使われるなどの改良が行われた。エジソンは当初この蓄音機を音楽ではなく

図6.1　エジソンのフォノグラム

遺言や速記など声の記録のための使用を想定していたが，人々の期待は音楽の記録装置としてであり，ほどなく音楽が録音された蝋管が発売されるようになる。その後の 1887 年には，ベルリナーが円盤式蓄音機グラモフォンを開発し，しばらくの間，エジソンのフォノグラムとベルリナーのグラモフォンの双方でフォーマット戦争ともいえる技術改良の競争が行われ，最終的に記録時間や複製のしやすさから，グラモフォンが市場を席巻するようになる。その後，電気による録音，増幅，再生技術が導入され，電気蓄音機（レコードプレーヤー）が主流となったのち，LP（long play）レコードが開発されると，それまでのレコードは SP（standard play）レコードと呼ばれるようになった。LP レコードによって，それまで 12 インチ（30 cm）で 5 分程度しかなかった録音時間が，一挙に 30 分の長時間の録音が可能になり，音質も格段に向上することで，交響曲など多くのクラシック音楽の録音が発売された。これまでコンサートホールでしか聞けなかった音楽が自宅で簡単に聞けるようになり，さまざまな音楽が国を超えて世界中に広く普及し，音楽が商品として消費されるようになる[3]。

〔2〕 テープ録音機

　録音技術によって音楽の制作方法は大きく変化した。そのきっかけとなったのはテープ録音機である。テープ録音機の原型は，1888 年に米国のスミスが考案した鋼鉄ワイヤーに磁気記録する方式として考案された論文をもとに，1898 年にデンマークの電話技師ポールセンが実用化した「テレグラフォン」というワイヤーレコーダであった（**図 6.2**）。その後，1928 年にはドイツの技術者フロイメルによって紙テープに磁石の粉を塗った磁気テープレコーダが開発され

図 6.2　ポールセンのテレグラフォン

る。その後，さまざまな改良を重ねて 1935 年に「マグネトフォン」として完成する。これまで蓄音機の録音では，途中で収録に問題があると，最初からやり直すしかなかったが，紙テープ上に塗布された磁性体に音の信号を記録する方法によって，テープの必要な部分を繋ぎ合わせる「編集作業」ができるようになった。テープ録音機の完成の裏には，当時の軍事技術の開発が大きく関わっている。暗号を伝送する代わりに音声を録音したテープを高速で回転して送信し，受信側で元に戻すといった技術が研究されたり，たまたま無線機の高周波が混入したことでノイズが格段に減少する高周波バイアス技術が発明されたりするなど，多くの技術開発が行われた。ドイツ軍が昼夜を問わずヒットラーの演説を放送し続け，連合軍の兵士はそれを生放送だと信じ「ヒットラーは不眠の怪物か」と不気味がられたというエピソードが残るほど，当時のドイツの録音技術は進んでいた。第 2 次世界大戦後，アメリカ軍がドイツのテープ録音機を持ち帰り，それらの技術が民間に広がったことでテープ録音機が本格的に音楽制作で使われるようになった。他にもマイクロホンや真空管アンプなど，第 2 次大戦時中に通信や記録のために開発されたさまざまな音響機器は，終戦後には音楽制作に用いられるようになり，音楽産業は質・量ともに大きく発展するようになる[5]。

〔3〕 **マルチトラック録音**

音楽制作を大きく変えたもう一つの技術は，マルチトラック録音である。収録された音を別々のトラックに記録しておくことで，すでに録音された音を聞きながら，新たに別の音を重ねていく「オーバーダビング」という手法が使われるようになった。ビートルズの「Sgt. Pepper's Lonely Hearts Club Band (1967 年)」は，この手法を駆使した録音によってその後の音楽制作に大きな影響を与えた。当時彼らが使っていた英国 EMI 社のアビーロードスタジオにあった 4 トラックのマルチテープ録音機 2 台を駆使し，動物の鳴き声や劇場の歓声などの素材を用いるだけでなく，テープの回転数を変えたり，逆回転などの手法を用いたりすることで，これまでにはなかったまったく新しい音の表現を実現した。また，演奏を別々に録音することによって，同時に同じ場所で演

奏する必要がなくなり，音楽制作は時間と空間の制約から開放されたといえる。これまですべての演奏者が一堂に会して録音しなければならなかったが，演奏者の都合に合わせて，いつでもどこでも演奏を収録することができる。またこれまでは演奏時に誰かが間違えば，すべてやり直す必要があったのが，マルチトラック収録によって，間違った演奏者が間違った箇所のみを録り直すだけでよくなり，制作時間は大きく短縮されるようになる[6]。

〔4〕　**録音技術が現代音楽に与えた影響**

　録音技術は，ポピュラー音楽だけでなく，いわゆる「現代音楽」にも大きく影響を与えた。フランスでは，1940年代後半にシェフェール，アンリらがテープ録音機を用いてさまざまな音を組み合わせて構成する「ミュジック・コンクレート」の作品を発表する。ユーゴスラビアの海外で丸一日かけて録音した素材を編集して制作したフェラーリの「ほとんど何もない第一「海岸の夜明け」（原題：Presque rien No. 1 'Le Lever du jour au bord de la mer'）（1970年）」などに代表される，これまでのような楽器音を用いずに環境音などの身の回りのさまざまな音も「音楽」とすることに成功した。この流れは1960年代後半にカナダの作曲家シェーファーの「サウンドスケープ」という概念に結びつき，これまで見過ごされていた都市の騒音問題や環境問題への関心が高まるきっかけとなった。

　一方ドイツでは，シュトックハウゼンらが，発信器や電子回路を用いて正弦波を重ね合せたり，ノイズをフィルタに通して加工したりすることで，従来の楽器では表現できない音を生み出し（いわゆる狭義の）「電子音楽」の作品を手がけるようになる。シュトックハウゼンは，「テレムジーク（1966年）」に代表されるように，日本の雅楽や世界の民族音楽を録音した素材を用いたが，フランスのミュジック・コンクレートが自然の音を使って構成したのとは異なり，それらはさまざまな電気的な加工がなされて使用された。また，従来の楽器演奏をその場でリアルタイムに電気的に加工する「ライブエレクトロニクス」も現代音楽の新しい形態として生まれた。

　米国の作曲家ケージは，ハーバード大学の無響室での体験から沈黙に興味を

もち，演奏者がまったく楽器を弾かず最後まで沈黙を通す「4分33秒（1952
年）」を作曲して当時の音楽界に「音楽とは何か」という議論を巻き起こした。
ケージによってサイコロを用いた作曲が行われたり，さまざまな録音をランダ
ムに並べて構成する「偶然性の音楽（chance music）」が生み出されたりした
のも，広い意味で録音技術によって音楽が変貌を遂げてきた一端であろう。

〔5〕　電気楽器と電子楽器の誕生

　1904年にフレミングが発明した2極真空管に続き，1906年にフォレストが
発明した3極真空管によって，電気信号を増幅する技術が誕生し，録音技術を
進歩させるとともに，エレクトリック・ギターやエレクトリック・ベースと
いった電気楽器やシンセサイザなどの電子楽器を誕生させた。

　ギターの鉄製の弦の振動を，電磁誘導によって増幅するピックアップは，
1931年に米国のビーチャムによって発明され，その後リッケンバッカーととも
に多くのエレクトリック・ギターが開発された。同時期にはマイクロホンや
スピーカやアンプ（増幅器）の開発も進み，ジャズやロックといった新しく誕
生した音楽に積極的に導入されるようになる。特にエレクトリック・ギターは
単に音を大きくするだけではなく，ディストーションなどのエフェクタ（効果
機器）を接続することで，これまでのアコースティックギターでは出せなかっ
た新しい音を出せるようになり，従来の音楽の価値観を否定するような象徴的
なサウンドとして若者を中心に世界的に広がっていく。

　発信機などを用いた電子機器のみで音を出す楽器も誕生した。1920年にソ
連（現ロシア）の発明家テルミンが発明したテルミンがその最初と考えられて
いる。テルミンは二つの高周波発信機のうなりを用いて音を出すという仕組み
で，不安定な音高が生む独特の音が特徴で，1920年代に世界的に広まったが，
第2次世界大戦後は忘れられた[7]。

　フランスの電気技師マルトノが1928年に発明したオンド・マルトノは，複
数の特殊なスピーカの音響効果でさまざまな音を表現できる電子楽器として，
メシアンなどのフランスの作曲家を中心にさまざまな作品で用いられるように
なる[7]。鍵盤とともにリボンと呼ばれる音程を連続して変化できる機構によっ

て独特の演奏効果をもたらしており，現在でもパリの国立高等音楽・舞踊学校において演奏家を輩出している。

　さまざまな発信機を合成して音を作る**シンセサイザ**は，コンピュータとの研究とともに 1950 年代からアメリカを中心に研究されていたが，1960 年代にモーグのモーグシンセサイザなどのモジュラー・シンセサイザによって，音楽制作にも用いられるようになる。その後 1980 年代にはディジタル技術やコンピュータ技術の発展によって，楽器の音そのものをサンプリングするサンプリング・シンセサイザが登場し，その後は楽器としての地位は変貌し，コンピュータ上で動作するソフトシンセと呼ばれる音楽制作のプログラムに組み込まれて使用されるようになる[7]。

6.2.2　ディジタル技術が果たした役割

　音楽制作に大きな変革をもたらしたもう一つの技術は，ディジタル信号処理技術である。電気に変換された音の信号は，時間的に連続した「アナログ信号」であるが，周波数の帯域を制限することで，ある一定の時間間隔で標本化（サンプリング）した数値に変換することができる。これは 1928 年にナイキストによって**標本化定理**として予想され，1949 年にシャノンと染谷によってそれぞれ独自に証明された。この考え方によって，連続したアナログ信号を有限の数値として置き換えることができ，またそれらの数値を 1 と 0 の 2 進数で表すことで，音をディジタル信号としてコンピュータによって扱うことができるようになった。

　ディジタル処理による録音再生に関する研究は 1960 年代から NHK の技術研究所でも行われていたが，当時のコンピュータの処理能力ではまだまだ夢物語であり，1974 年にようやく完成した世界初のディジタル録音機は，総重量 300 kg を超える冷蔵庫並みの大きさであった（**図 6.3**）。その後はコンピュータ技術の進展とともに，飛躍的な進歩を遂げ，その成果は 1982 年の CD（コンパクト・ディスク）の登場に結びつく。

　ディジタル技術が音楽制作に果たした役割は，まず前述の編集技術やマルチ

図 6.3　世界初の実用化されたディジタル
録音機（DENON, DN-023R）

トラック技術をより精緻にできるようになったことが挙げられる。音がコン
ピュータで扱えるようになったことで，音の状態を音圧波形や周波数特性とし
て視覚化できるようになった。これまでのテープの場合，編集のやり直しは物
理的にテープを繋ぎ直す必要があったが，このような DAW（digital audio
workstation）と呼ばれるディジタル音響処理システムによって，何度も編集
をやり直すことができ，これまで以上に細かな編集が可能になった（**図 6.4**）。
また単なる音の編集だけでなく，ピッチを変えたり音の長さを変化させたり，
といった時間軸上や周波数軸上の加工も自由に行えるようになった。今やポ
ピュラー音楽は元より，音楽制作において，ディジタル技術は必要不可欠のも
のとなっている[6]。

図 6.4　初期の DAW の例（New
England Digital, Synclavier
system）

　ディジタル技術は電子楽器の開発にも大きく貢献した。シンセサイザのよう
に音を合成するシステムも，第5章でも紹介された MIDI によって，さまざま
な楽器間で演奏情報や音源情報の互換性がとれるようになり，自動演奏による
音楽制作も大きく進化するようになった。また，メモリやハードディスクが大
容量，廉価になることで，楽器の音そのものを記録しておいて，それをキー

ボードに割り当てて再生する「サンプリング・シンセサイザ」が主流となる。ポピュラー音楽では，「打ち込み」と呼ばれる制作手法によって，ドラムセットをはじめとするすべての音楽素材をサンプリングによる音源を MIDI 信号によって演奏させることができるようになり，スタジオで楽器演奏を録音する機会は激減する。また，ボーカルのようにサンプリングでは難しいと考えられていた音源も，音声合成技術の進化によって，簡単に作成できるようになった。マイクロホンやスタジオなどをまったく使用せずに，すべての音源をコンピュータ上で生成して音楽を制作するスタイルは，製本がコンピュータ上でできるようになった DTP（desk top publishing）にならって DTM（desk top music）と呼ばれるようになり広く普及した。そして，2023 年現在では，スマートフォンのアプリでも簡単に音楽が作成できる時代となった。

6.2.3 音 楽 と 空 間

　音楽は，古くからそれが演奏される空間と密接な関わりをもってきた。教会でのオルガンや聖歌隊による音楽は，教会の残響を効果的に生かすように作られ，神々しい音として人々に感動を与えてきた。16 世紀のイタリアの作曲家ガブリエリは，ヴェネチアのサン・マルコ大聖堂のオルガニストとして活躍するとともに，この大聖堂の音響効果を最大限に引き出せるように，器楽や声楽を左右に配置してエコーやディレイ効果を考慮した作品を生み出した。

　18 世紀後半，ハイドンの時代には，音楽は貴族の娯楽として宮廷の広間で演奏されていたが，19 世紀の初頭，ベートーベンの後期の時代になってからは，市民が音楽を楽しむ場としてコンサートホールやオペラ劇場が誕生し，交響曲やオペラといった音楽が生まれ，それらのスタイルに合った音響空間とともに多くの名作が誕生した。ワーグナーが自身の作品を効果的に上演するためにバイロイト祝祭劇場を建設したことも，音楽とそれにふさわしい音響空間との相互作用の結果といえる。また 1 000 人近くの演奏者を必要とされるマーラーの交響曲（第 8 番）や，3 群のオーケストラが観客を囲むように配置されるシュトックハウゼンの「グルッペン」など，コンサートホールの空間全体を

使ったさまざまな作品も誕生する。

　一般的に音楽ホールは，ウィーン楽友協会の大ホール（ムジークフェライン ザール）のような直方体の「シューボックス型」が良いといわれている。確か に今でも世界で良い響きといわれているホールの中には，19世紀後半に作ら れた同じような形状のホールがいくつか入っている。これはシューボックス型 ホールの特徴である側壁から来る反射音が，響きの印象に重要な役割を果たし ているからだと考えられている。そのためには天井を高くして，天井からの反 射音がなるべく側壁よりも遅く到達するようにしたほうが良いという研究も あったが，最近ではあまり高すぎても良くないと考えられている。つまり シューボックスで「良い響き」のホールを作るには，ある程度の大きさに限ら れる。マーラーのような大編成のオーケストラや合唱が配置できるようにする にはステージの広さを大きくする必要がある。またそのような大掛かりな演奏 会の収支を考えると，なるべく多くの観客を収容できるようにしたいという興 行側の意向もあり，近代のホールは3000人，4000人といった大ホールが主流 となってきた。しかし，あまりにもホールが大きくなることで，シューボック スで得られたような手応えのある反射音が得られにくくなってしまう。そこで 考えられたのが「ヴィニヤード（ぶどう畑）型」という形状で，ぶどう畑のよ うに客席をいくつかのブロックに分けて，そのブロックごとに壁を建てること で適度な反射音を得られるという方式で，カラヤンの本拠地であったベルリン フィルハーモニーホールや，日本のサントリーホールなどは，その代表的な ホールとして知られている[8]。

　コンサートホールにおいては，ステージ上の響きも重要である。ステージ上 で演奏者が出した音が客席に届くのと同時に，ステージ上で演奏者自身に返っ てくる音がある程度聞こえないと演奏に支障をきたす。またオーケストラ，吹 奏楽，合唱，室内楽といった複数の演奏者による合奏の場合，たがいの音が聞 こえないと演奏に支障をきたす場合もある。そのために，ステージ上に音響反 射板と呼ばれる演奏者を取り囲むような壁や天井が用意されている。

　オーケストラの配置は通常前方から弦楽器，木管楽器，金管楽器，打楽器と

いった順に並んでいる。大きな音の楽器をステージの奥に配置することで，音量のバランスをとることができるが，その反面，音が明瞭に聞こえなくなる場合もある。そのためステージ上のひな壇（ライザー）が重要な役割を果たしている。客席からステージ奥の演奏者が見えるようにするという単に視覚的な意味だけでなく，ひな壇にのることで音響的にもステージ後方の楽器の直接音が客席に届きやすくなることで明瞭さを保つことができる[8]（**図 6.5**）。

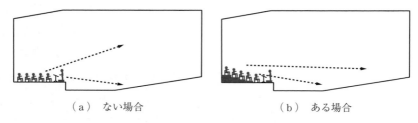

（a）　ない場合　　　　　　　　（b）　ある場合

図 6.5　ステージ上にひな壇がない場合とある場合の
音の到来イメージ

ホールの最適な残響時間は，一つの決まった値ではなく，容積によっても異なるし，演奏される音楽によっても異なる。さまざまな研究者が，部屋の用途ごとに容積と最適な残響時間との関係について調べている[9]（**図 6.6**）。クラシッ

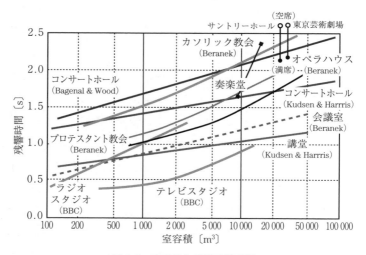

図 6.6　室容積と最適残響時間

ク音楽のためのコンサートホールは，オペラハウスや講堂などの声を扱う場合と比べて残響時間が長いほうが良いとされている[9]。

　通常コンサートホールは完成してしまうと響きを後から調整することは難しいため，さまざまな用途に対応できるように，あらかじめある程度響きを調整できるような構造をもたせたホールもある。最も簡単な調整方法は，厚手のカーテンで壁を覆う方法である。その他にも反射面と吸音面を反転できるような構造にしたり，壁の奥に吸音チェンバー（小さな部屋）を作ったりしておき，その扉を開閉することで吸音量を増減させる構造や，逆に残響チェンバーの扉を開閉する方法などが用いられている。

　舞台上の反響板の高さを上下させることでも響きの調整は可能であるが，東京藝術大学の奏楽堂は，舞台上だけでなく客席天井を3分割してそれぞれを任意の高さに調整できる構造をもった，世界でも珍しい室容積を変えて残響時間を変化させるホールである（**図6.7**，**図6.8**）。ここではオーケストラ，合唱，オペラ，ピアノソロ，邦楽など，さまざまな演目が日常行われており，それぞれに最適な響きになるよう天井の位置を調整している[10]。

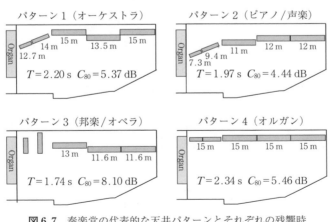

パターン1（オーケストラ）

14 m　15 m　13.5 m　15 m
12.7 m
$T = 2.20$ s　$C_{80} = 5.37$ dB

パターン2（ピアノ/声楽）

9.4 m　11 m　12 m　12 m
7.3 m
$T = 1.97$ s　$C_{80} = 4.44$ dB

パターン3（邦楽/オペラ）

13 m　11.6 m　11.6 m
$T = 1.74$ s　$C_{80} = 8.10$ dB

パターン4（オルガン）

15 m　15 m　15 m　15 m
$T = 2.34$ s　$C_{80} = 5.46$ dB

図6.7　奏楽堂の代表的な天井パターンとそれぞれの残響時間（T）と明瞭度（C_{80}）[†]

[†]　C値（clarity）と呼ばれ，直接音＋初期の反射音と残響音のエネルギー比を表す。C値が大きいほど明瞭に聞こえる。C_{80} は直接音の開始から 80 ms までの初期反射音とその後の残響音との比で計算した値である。

（a）パターン2（ピアノ/声楽）　　　（b）パターン4（オルガン）

図6.8　奏楽堂の天井の例

6.2.4　立体音響とステレオ収音技術

〔1〕　音 源 と 音 像

　ステレオという言葉は，2台のスピーカを使って聞く場合に使われることが多いが，元々はステレオフォニック（stereophonic，立体音響）という意味である[†1]。

　図6.9に示すように2台のスピーカから同じ信号を出力して，それらの真ん中で聞くと，スピーカの間に音源があるように聞こえる。これは実際にそこに音源があるのではなく，聴取者の脳内にイメージとして現れる。これを**音像**（sound image）と呼ぶ。左右のスピーカから出す音のレベルを変えたり，時間差を発生させたりすることで，音像は左（あるいは右）に移動する。ヒトは左右の耳に入ってくる音のレベル差（両耳間レベル差[†2]）と時間差（両耳間時間

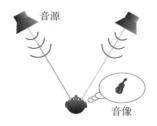

音源

音像

図6.9　ステレオ音像

---

†1　一つのスピーカで聞く場合をモノラルと呼んでいるが，これは本来両耳で聞くバイノーラルに対して，片耳で聞くことを意味するため，正確にはモノフォニックと呼ぶべきであろう。

†2　ILD（inter-aural level difference）とも呼ばれる。

差[†1]) によって音源の位置を判断している。二つのスピーカから出された音を両耳で聞いたときに生じるレベル差，時間差によって，音像の位置（音像定位）をイメージすることができる。ステレオ録音では，2本のマイクロホンの指向性や間隔によって生じるレベル差，時間差によって立体的な音像を作り出している。またミキシングと呼ばれる作業では，パンポット[†2]やディレイ[†3]，リバーブ[†4]を用いることで，左右のスピーカの間に音像を作り出すことができる。

〔2〕　**ステレオ録音の歴史とおもな方式の例**

2本のマイクロホンで収録した音を両耳で聴くと立体的に聞こえる。このステレオ再生が初めて行われたのは，1881年のパリの電気博覧会でのアデールの実験だといわれている。パリオペラ座に設置された40組のマイクを3km離れた博覧会の会場に電話回線で送り，40組の受話器で聞くというもので，人々はその臨場感に驚きの声を上げた[11]。

このように2本のマイクロホンを適当な位置にセットすれば，簡単にステレオの録音ができる。しかしその設置のしかたによって，できあがった音の印象（ステレオ音場）は大きく異なってくる。ステレオの収音に関しては，古くからさまざまな研究が行われているが，文献として最初に書かれたのは，1931年にイギリスの発明家ブルムラインが，レコードのカッティングをステレオで行う技術を特許申請した際に提案されたブルムライン方式である[12]。これは双指向性マイク2本を90°に交差して録音する方式で，双指向性マイクの指向特性から，左右90°の位置では片方のレベルが最大，反対側が最小になり，中央で3dB下がるという特徴は，コンソールに用いられているステレオのパンポットと同じ動作であり，自然な定位が得られる（**図6.10**）。

ブルムライン方式のように2本のマイクを同じ位置に置いて，指向性マイク

---

†1　ITD（inter-aural time differene）とも呼ばれる。

†2　Panoramic Potentiometer の略である。左右の信号のレベルを調整することで，音像定位をコントロールできる。パンナー（panner）とも呼ばれる。

†3　delay とは元の音をある時間遅らせる効果機器である。遅らせる時間によってコーラス効果やエコー（やまびこ）効果などをさまざまな音の加工に用いられる。

†4　残響を電気的に付加する装置である。

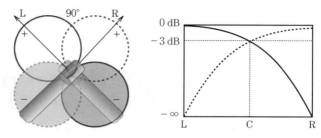

図6.10 ブルムライン方式（右図は左右のマイクロホンの出力レベル）

のレベル差でステレオ音場を作る方式は，同軸方式と呼ばれ，他には単一指向性マイクを90〜120°に設置するXY方式や，単一指向性マイクを正面に，双指向性マイクを横方向に向けて，それらの和と差で左右の信号を作り出すMS方式がある。小型録音機に内蔵されたステレオマイクや，1本でステレオ録音ができるマイクロホンには，XY方式かMS方式が内蔵されている場合が多い。

全指向性マイクを適当な間隔（40〜120 cm）に離して録音するAB方式は，同軸方式と比べると定位感の再現はあまり良くないが，広がり感や奥ゆき感といった空間の特徴をとらえることができる（**図6.11**（a））。

定位感が良いという同軸方式と，広がり感が良いAB方式のそれぞれの良さを取り入れることで，より自然な音像が得られるように考えられたのが，単一指向性マイク2本を数十cmの間隔に配置して使用する準同軸方式である。そ

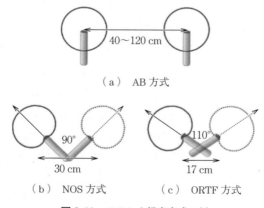

（a）　AB方式

（b）　NOS方式　　　（c）　ORTF方式

図6.11 ステレオ録音方式の例

の中の例として，NOS（Nederlandache Omroep Stiting：オランダ放送協会）
や ORTF（Office de Radiodiffusion Télévision Française：フランス放送協会）
といった方式が提案されている（図6.11（b），（c））。

〔3〕 **ワンポイント録音とマルチマイク録音**

初期の録音は1本のマイクロホンですべての演奏をバランス良く収音すると
いう方法がとられた。この考え方はステレオ録音においても同様で，自然な奥
ゆき感や広がり感を得るために，マイクロホンの角度や間隔，設置する位置な
どについて吟味することが重要である。クラシック音楽の録音では，今でもア
ンサンブル全体を1箇所に設置したマイクロホンで収録するワンポイント録音
が用いられている。

一方で楽器編成が大きくなってくると，ワンポイント収録では十分にカバー
できない場合がある。そういった場合は，楽器ごとにマイクロホンをセットし
て，ミキシングコンソールで調整する。このとき，楽器の近くに立てたスポッ
トマイクが大きくなりすぎると不自然なバランスになるため，アンサンブル全
体をとらえるメインマイクとのバランスが重要になる。スポットマイクがメイ
ンマイクに対して離れた位置に設置しなければならないような場合には，それ
らをミックスするときの時間のずれを解消するために，スポットマイクにメイ
ンマイクとの距離差分の遅延（ディレイ）を付加することもある。

楽器の収録において，マイクロホンをどこに設置するかは，録音エンジニア
にとって腕の見せ所ともいえる。前述のマイクロホンの種類，指向性，近接効
果とも関わってくるが，マイクロホンを数 cm 動かすだけで，録音される音は
大きく変ってくる。

〔4〕 **臨 界 距 離**

コンサートホールなど響きのある空間においては，楽器から直接到来する直
接音と，壁や床，天井から反射して到来する間接音とのバランスが重要とな
る。このバランスは演奏者からどの程度マイクロホンを離すかによって決ま
る。この際に目安となるのが，**臨界距離**（critical distance）である。臨界距離
は直接音と間接音のエネルギーが同じになる音源からの距離として定義され，

式 (6.1) で求められる[4]。

$$CD = 0.057\Gamma\sqrt{\dfrac{V}{T}} \tag{6.1}$$

ここで，CD は臨界距離，T は残響時間，V は表面積，Γ は放射指向性係数である。

式 (6.1) から，残響時間が長くなるような響きの多い場合や狭い空間のほうが臨界距離は短くなることがわかる。**図 6.12** は，2 本のマイクロホンが臨界距離を挟んで内側（マイク 1）と外側（マイク 2）に設置された場合の違いを示した図である。図 6.12（b）で示すように，直接音のエネルギーは音源からの距離が離れるに従って減衰していくが，室内の間接音（残響音）のエネルギーは常に一定であり，それらが交わる位置，すなわち直接音と間接音のエネルギーが等しくなる距離が臨界距離となる。臨界距離の内側のマイク 1 の位置では，直接音のほうが間接音よりも大きいため明瞭に感じられ，臨界距離の外側のマイク 2 では，響きが多く感じられる。

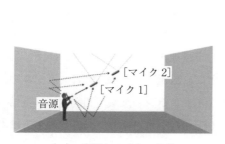

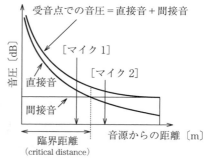

（a）　音源とマイクの位置　　　　（b）　音源からの距離と直接音・間接音の関係

図 6.12　マイクの位置（マイク 1，マイク 2）による直接音と間接音のバランスと臨界距離

これは響きが均一な空間（拡散音場）において成り立つことと，音源の指向性やマイクロホンの指向性によっても異なるため，あくまでも理論的な考え方の一例としてではあるが，実際の録音において音源に対してマイクロホンの位置を決める際の参考になる。例えば，教会のような響きの多い空間では，マイ

クロホンを近づけるほうが良いし，残響の少ない講堂のような場合は，マイクロホンを多少離れた位置に置いても明瞭な音を録音することができる。実際の収録においては，このような響きの違いを，ホール内を歩き回って自分自身の耳で確認してだいたいの位置を決めたうえで，実際に録音された音を聴いてマイク位置を動かすという作業を繰り返して，最良な響きのバランスを調節する。しかし，このような位置の調整を行っても残響があまりにも多すぎる場合は，カーテンなどの吸音材で部屋の響きを調整する。また，響きが不十分と感じる場合は，残響付加装置（リバーブ）などを用いることもある。

〔5〕　**楽器の指向性**

部屋の響きの違い以外に，マイクロホンの位置によって収録される音が異なる要因として挙げられるのは，楽器固有の指向特性である。**図6.13**にバイオリンの指向特性の例を示す[8]。図に示されるように，低音は楽器全体から音が放射されているが，高域になるに従って，放射される方向が異なることがわかる。バイオリンの音を収録する場合，駒の正面にマイクロホンをセットすることが多いが，狙う場所によって音色が変ってくることが予想される。図のようなデータを参考にしたうえで，実際に楽器の周りを自分の耳で聴きながら，最良と思われる場所を探して，マイクロホンの位置を決めていく。

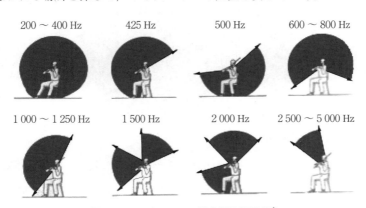

200 ～ 400 Hz　　425 Hz　　500 Hz　　600 ～ 800 Hz

1 000 ～ 1 250 Hz　　1 500 Hz　　2 000 Hz　　2 500 ～ 5 000 Hz

図6.13　バイオリンの指向周波数特性[†]

---

†　図のグレーの部分は音圧が最大値（0 dB）から−3 dB までの範囲を示す[8]。

6.2.5 立体音響と音楽

20世紀に入って生まれた電気音響技術は，1960年代から盛んになった現代音楽の流れと結びつき，マルチチャネルテープ録音機と多数のスピーカを用いて空間上のさまざまな位置に音を配置した音楽制作の実験が行われ，音響空間をより効果的に演出するような作品が作曲されるようになる。その流れの集大成となったのが，1970年に日本で開催された大阪万博である。シュトックハウゼンなどの海外の作曲家と，黛や武満などといった日本の新進気鋭の作曲家が，さまざまなパビリオンで大規模な立体音響作品が制作された。中でも鉄鋼館のスペースシアターのために武満によって作られた「YEARS OF EAR "What is music?"」は，世界の作曲家に「音楽とは何か」について質問した答えをテープに記録し，6トラックの録音機を4台同期運転して1008個のスピーカによる再生システム（**図6.14**)によってさまざまな音を時間と空間に配置するという作品であった[13]。

図6.14 大阪万博の鉄鋼館（スペースシアター）†

大阪万博で勢いづいたマルチチャネルステレオは，家庭にも波及するようになり，1970年代には4チャネルステレオ方式として提案された。しかし4チャンネル再生の方式がメーカー間で統一されなかったことと，この効果を発揮す

---

†　図6.14において，天井から吊られている球体がスピーカである。

るような有効なコンテンツがあまりなかったことから，残念ながら数年で姿を消してしまった。その後マルチチャネルステレオ方式は，映画の音響でおもに開発がすすめられ，ドルビーステレオ方式として映画館やホームシアターで普及した。さらにディジタル技術の導入によって，5.1サラウンド方式として普及するようになる。それに伴って，映画や音楽などのコンテンツ制作者の間で，再生方式についての規格化を望む声が高まった。そこで1992年から94年にかけて，世界の音響関係者が集まり，国際通信連合ラジオ部門（ITU-R）で5.1サラウンドのスピーカ配置などについての推奨規格が検討され，ITU-R BS.775-1として制定された。1970年代に作曲家の冨田が当時の4チャネルステレオの為にシンセサイザを駆使して作成した「惑星」は，アナログレコードでは発売できなかったが，DVDオーディオ（2003）やSACD（2011）といった新しいフォーマットによってようやく聴けるようになった。

　NHK放送技術研究所が開発した22.2マルチチャネル音響は，8Kスーパーハイビジョンにふさわしい音声方式として提案され，2009年にはITU-R BS.2159[14)]でマルチチャネル音響システムの一つとして規格化された。**図6.15**に示すように水平方向に10チャネル，高さ方向に8チャネル，画面の下に3チャネル，そして真上に1チャネル，そして低音専用に2チャネルの計22.2チャネルを用いる。前後左右に加えて高さ方向にも再生チャネルをもつこと

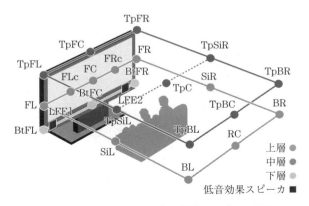

図6.15　22.2マルチチャネル音響のスピーカ配置

で，従来の2チャネルステレオや5.1サラウンドと比べて聴取範囲が広く，空間音響の表現力に優れている。映画においても，5.1チャネルに側方や上方に新たにチャネルを加えたAuro-3D[15)]，Dolby Atmos[16)]やDTS:X[17)]，といったさまざまな方式が提案されている。このように上下方向にもスピーカを配置して全方向（4π空間）の音場を再生する方式を3Dオーディオあるいは**高臨場感オーディオ**と呼んでいる。

高臨場感オーディオは以下の三つの方式に分けられる。

（1） チャネルベース方式：あらかじめ決められたチャネル数に応じたスピーカ配置で制作される（Auro 9.1[†]，22.2マルチチャネル音響など）。

（2） オブジェクトベース方式：音素材そのもののデータと空間の位置情報などのメタデータを伝送あるいは収録して，それらを再生環境に応じて再構築する（Dolby Atmos，DTS:X，Auro Max など）。

（3） シーンベース方式：実際の音場を物理的に再現する（Ambisonics，波面合成（WFS：wave field synthesis[18)]），境界制御方式（BoSC：boundary surface control[19)]，**図6.16**）など）。

図6.16 BoSC理論を基に制作された
音場共有システム「音響樽」

これらの中で，前述の22.2マルチチャネル音響のようなチャネルベース方式については，さまざまな収音方式も検討されており，コンサートホールの演奏の臨場感を再現するような音楽作品も数多く制作されている。また，こう

---

† Auro 3D の方式の一つであり，5.1チャネルサラウンドに上層4チャネルを加えた方式である。

いった立体音響による空間の表現を生かした音楽作品を手がける音楽家も現れ
てきている。メディアアーティスト細井による「Lenna（作曲：上水樽力）
(2019年)」は，声のみを用いて22.2マルチャネル音響で制作された作品で，
ノートパソコンをベースにヘッドホンでモニターして制作され，十全なモニ
ター環境がなくても3Dオーディオ作品が制作できる先例として，制作費を理
由に躊躇する制作者への良い刺激になることであろう。

　シーンベース方式やオブジェクトベース方式は，音場そのものを物理的に再
現することに主体をおいて研究されているが，現在音楽制作で用いられている
イコライザーやコンプレッサ，リバーブといった制作者の意図どおりに音を加
工するようなツールは開発されておらず，実際の音楽制作に用いるためにはま
だまだ課題が多い。

6.3　音楽音響の研究とこれからの課題

6.3.1　音響学における音楽の研究

　音楽は聴覚による芸術であり，絵画や彫刻といった視覚の芸術と比べて，人
間の感情に直接働きかけることができるといわれている。音楽を研究すること
は人間の感情を研究することともいえるであろう。空気の振動である音を研究
するという意味での音響学は，前述のヘルムホルツから現代のディジタル技術
を駆使した音場再生に至る中で大きく進化したといえる。一方で音楽に関する
研究は，本章の冒頭で述べたようにギリシャ哲学に遡るが，現在でもなお未解
決の課題を多く抱えている。例えば，なぜ音楽を聴くことで人は感動するの
か，どういった音楽を聴くと心が安らぐのか，同じ音楽でも人によって好みが
分かれるのはなぜなのか，といった人間の心理に関わる部分は，依然わからな
い点が多い。

　例えば，前述の部屋の音響やオーディオの品質評価などでは，ピンクノイズ
などを用いて物理的な特性を測定するのと同時に，最終的な音の評価には音楽
が用いられる。そのような場合には音の印象を「澄んだ」「迫力ある」「繊細

な」といった形容詞を用いて表現することが多い。音楽を用いる場合の難しい
点は，どうしてもそこで個人個人の主観に基づく評価で語られがちであるが，
そこでは言語心理学や意味論でいわれる「内包的意味」ではなく，誰もが同じ
解釈できる「外延的意味」を評価できる手法が必要となってくる。われわれが
音楽を用いた評価において，そういった外延的意味を評価できる評価語や評価
手法はまだまだ未開発である。

　最近では，脳波や心電図，呼吸，内分泌物といった生態的な測定・分析を行
うことで，音楽と心理の因果関係を解明しようとする研究も多く行われてい
る。言葉を用いることによる多義性を排除するという意味では有意義な試みで
あるが，精密な分析には時間がかかることや生態的な個人差が結構あることな
ど，解決すべき課題は多い。

6.3.2　音場再現と音楽のアーカイブ

　ディジタル化によって音楽はコンピュータで扱えるデータとなった。音楽を
聞くメディアはレコードから CD に，そして 2019 年現在ではインターネット
上で世界中の音楽がデータとしてやりとりできるようになった。民俗音楽，
ワールドミュージックと呼ばれる世界中の音楽に触れることができるように
なったことで，20 世紀までは世界を席巻してきた西洋音楽の価値観から，世
界各地に存在するさまざまな音楽がそれぞれの価値を見出し，新しい音楽の創
造に影響を与えるようになっている。一方で，商業化され消費の対象となった
音楽産業の多くは，「売れる音楽」にのみ集中し，多様性が失われる面もみら
れる。今後，世界中に存在する貴重な音楽文化を，未来にどのような形で残し
ていけるか，ということも大きな課題である。

　ディジタル化で再生機器が小型化したことで，音楽の聴き方も，スピーカに
よる聴取から個々人がヘッドホンによって聴取するスタイルに変わってきた。
そして近年は 3D 眼鏡とヘッドホンを組み合わせたヘッドマウントディスプレ
イを用いた VR（virtual reality，仮想現実）と呼ばれる再生手法が，ゲームな
どのコンテンツ制作では主流になりつつある。ヘッドホンを用いたバイノーラ

ル再生方式は，左右の耳へのクロストークがないこと，個々人の耳の特性の違い，頭部運動が反映されない，といった理由で，従来のスピーカ再生と聞こえ方が異なっている。特に個々人の耳の形状などの違いは頭部伝達関数（head related transfer function, **HRTF**）としてあらかじめ測定しておくことで，個人の特性に合った再生を実現できるが，実際の製品としてはその都度測定することが難しいので，あらかじめ用意された数種類の HRTF の中から選んで使用する場合が多い。また，前方や後方といった頭の中心線（正中面）の音像定位は前後を誤判定する場合があるが，頭部運動を考慮してリアルタイムでHRTF を変化させるヘッドトラッキング技術を用いることで改善される。

　前述の 3D オーディオやバイノーラル再生は，あたかも現実の音場にいるかのような感じ，いわゆる「臨場感」を再現することを目標の１つとしており，臨場感を高めることによって音楽の感動をより高めることに寄与すると考えられている。一方で，このような技術を用いることで，実際のコンサートでは体験できないような音場を創造することも可能になるであろう。今後こういった新しい技術が新しい音楽作品に使われていることが期待できる。

　2009 年にカナダの McGill 大学で制作された「バーチャルハイドン」では，ハイドンが用いていた当時の楽器を復元してスタジオで演奏し，そこにハイドンが活躍した歴史的な建造物のインパルス応答から生成した残響を加えることで，ハイドンの時代の音をバーチャルに再現することに挑戦した[20]。ここでは5.1 サラウンドとして空間を再現したが，これからは 3D オーディオのような臨場感を再現する技術を駆使して，貴重な演奏をその空間の響きとともにアーカイブとして将来に残していくことも音響技術の使命の一つであろう。

6.3.3 深層学習と人工知能
　今や音楽はいつでもどこでも誰もが簡単に手に入れられるものとなった。音楽の聞かれ方が多様になっていくことによって，音楽音響の研究対象も多様になってきている。ビッグデータと呼ばれるインターネット上の膨大な音楽に関する情報から，コンピュータが自発的に人々の聴取行動を統計的に分析し，個

人個人の嗜好に合わせた音楽を提供するといった DNN（deep neural network）や AI（artificial intelligence）を用いた研究も成果をあげている。

　また，最近ではインターネットを通じて誰でも簡単に音楽を制作し世界に向けて発信することも簡単になった。さらに DNN と AI を結びつけることによって聴取者が聞きたいと思う音楽を作曲者や演奏者といった人間の手をかけることなく，コンピュータが提供してくれるような時代が訪れつつある。もはや作曲や演奏は AI（コンピュータ）に取って代わられるようになるかもしれない。これは音楽だけでなく，絵画や映像も含めたすべての芸術にも共通する流れであり，芸術とは何か，人間にとっての芸術の意味は何か，といった問いが音楽音響の研究においても避けられないのではないだろうか。

　音響学の中で人間の声を扱う「音声」の研究は DNN と AI を取り入れることによって，「合成」と「認識」の両面においてここ近年大きな成果をあげている。音楽を扱う音楽音響の分野でも，前述のように音楽検索や自動作曲といった分野で大きな成果をあげているが，一方で音声と比べて音楽の場合は最終的に「人のこころにどのように影響するか」といった音響学だけでは解決できない部分にまで踏み込んだ議論が不可欠である。同じ音響条件でも音楽の内容によって感じ方は大きく異なって来る。また，それは聴く人それぞれの個人的な経験などといったさまざまな要因によって異なって来る。もはやこれらに対する答えは純粋に音だけを扱う音響学のみで解明するのは不可能なことなのかもしれない。

6.3.4　音楽における音響学が果たす役割

　音楽音響の研究において，「そもそも音楽とは何なのか？」という問いから逃れることは難しい。2006 年に音響学会誌で企画された小特集「なぜ音楽は心に響くのか？：音楽への科学的アプローチの現状[21, 22]」においても，この問題について音楽学，心理学，脳科学の専門家を交えて，音楽と感情の関係に焦点をあてながら，議論を行っている。その中で，そもそも音楽とは人が好むように生み出されたものであり，心を響かせるものが音楽なのだから，「音楽が

心に響く」ことは当然だという捉え方も紹介されている。そういった音楽の本質を研究する中で，音響学が果たせる役割は何なのだろうか。

上記の中で谷口は「音響学で研究されているような，オーディオ装置やホールの音響特性の改善によってもたらされる「音響的な意味での音の良さ」は音楽表現を実現するための条件の一つであるといえるが，一定のトレランスレベルを超えていれば，それ以上の音響的質の向上は，音楽受容における重みとしては相対的に小さい」と述べている。サンプリング周波数や量子化ビット数を増やした高音質録音（いわゆるハイレゾ）や高臨場感を目指した3Dオーディオといった試みは，音楽を聴くうえでそれほど重要ではないのかもしれない。一方で，音の聴き方は訓練によって大きく変化することも知られている。和声や対位法といった西洋音楽の文法ともいえる知識を知ることで，音楽に対する理解はより深くなり，今まで感じなかった音楽に対する親密さが高まる。また西洋音楽だけでなく，日本古来の音楽，世界のさまざま音楽を知ることで，音楽の聴き方もより深いものなるであろう。このようなことは絵画や映像といった他の芸術においても見られ，芸術体験が豊富になることによって，それまでもよりも深く芸術から感動を受け取ることができるようになる。音響においても「聴能形成」と呼ばれる音の違いを聴き分ける訓練を重ねることで，高音質や空間の再現性の違いをより感じられるようになる。そしてそのような違いを聴き分けることで，音楽から受ける感動もより多くなるのではないだろうか。

前述のDNNやAIを用いた音楽制作は，多くの人が良いと考える大量のデータを元に作られる。これは言い換えれば多くの人の「良い」と思う「平均値」の実現を目指していることになる。しかし，芸術の受容がその体験を深めることによってより深化していくのであれば，ビッグデータから得られる平均値を求める方法では決してたどり着けないのかもしれない。

このような「音楽と心」の本質を解明するには音楽学，心理学，医学などの分野と音響学が共同作業を行うことで新しい分野が開けることが期待されている。確かに音楽の本質に迫るうえで音響学が果たせる役割は小さいかもしれないが，個々の研究テーマの中にとどまることなく，本来音響学が備えている

「学際的」な特質を生かして，さまざまな分野との共同研究によって広がって
いくことが重要であろう。カナダの McGill 大学とドイツの Detmold 音楽大学
による ACTOR（Analysis, Creation, and Teaching of Orchestra）Project は，指
揮者，音響設計者，心理音響研究者，そして録音エンジニアが一堂に介して
オーケストラに関するさまざまなトピックを教育的観点から研究するというプ
ロジェクトで，彼らが現在進めている ODESSA（Orchestral Distribution
Effects in Sound, Space and Acoustics）[23],[24] は，コンサートホールでのオーケ
ストラの各楽器の音がどのように聴衆に伝搬していくかについて，音響と音
楽，そして心理学の面から分析するという試みを行っている。例えば，バイオ
リン1挺の演奏から2挺，4挺と増やしていて，どこでソロから tutti（合奏）
と感じるのかといった実験を，音響学，音楽，心理学それぞれの立場から検討
を行っている。こういった音楽に関連するさまざまな分野の専門家がそれぞれ
の知見を融合させていく試みが今後ますます重要になっていくであろう。こう
いった音楽と物理学などの周辺の学問を融合させる試みは，小学校，中学校，
高等学校の教育現場にも取り入れていくことが必要ではないだろうか。日本の
音楽教育が明治以降の西洋音楽の追従から始まり，長年音楽理論などの習得に
重きを置いてきたが，ここ数年は日本古来の音楽や民族音楽など，多様な音楽
をとりあげるようになった。しかし，物理学や音響学と音楽との関わりについ
ての教育はまだまだ十分とはいえない。音楽のみならず芸術と科学の繋がりを
若い頃から学んでおくことは，人間の心のより深い理解に繋がるであろう。

　音楽音響の研究に携わっている人達は，何らかの音楽体験を通して音楽に対
して愛着をもっている場合が多い。そのときの感動をどうすれば科学的に証明
できるのか，ということが大なり小なり研究の動機になっているのではないか
と推測する。音楽音響の研究テーマは多岐にわたっており，本書で紹介できた
のはそのごく一部ではあるが，優れた研究に共通して見られるのは，研究対象
である音楽に対する敬意が感じられることであろう。それこそが音楽音響の研
究の醍醐味ではないだろうか。

　音楽を通して人間のこころや感情を科学的に解明する――そのために音楽音

響の研究成果が今後少しでも役立つことが期待される。

引用・参考文献

1) 岸根順一郎：音を追求する〜第2章 音は何か，放送大学教育振興会 (2016)
2) H. von Helmholtz: Die Lehre von den Tonempfindungen als physiologische Grund fur die Theorie der Musik（1863）
3) J. W. S. Rayleigh: The Theory of Sound（1877）
4) 日本音響学会 編，上野佳奈子 編著，橘　秀樹，坂本慎一，小口恵司，羽入敏樹，清水　寧，日高孝之 著：コンサートホールの科学，コロナ社 (2012)
5) 森　芳久，君塚雅憲，亀川　徹：音響技術史，芸大出版 (2011)
6) 亀川　徹：録音技術から見た音楽制作の30年，日本音響学会音楽音響研究会研究会資料，**29**, 35, MA2010-53 (2010)
7) 北口二朗：電子楽器の技術発展の系統化調査，技術の系統化調査報告 Vol.26,March 2019，国立科学博物館 (2019)
8) Jürgen Meyer: Acoustics and the Performance of Music: Manual for Acousticians, Audio Engineers, Musicians, Architects and Musical Instrument Makers, 5th edition, Springer（2009）
9) 永田　穂：新版 建築の音響設計，オーム社（1991）
10) 福地智子，岩崎　真，亀川　徹：奏楽堂の設計概要と実際の運用について，音楽音響・建築音響研究会，MA-AA2009-67 (2009)
11) J. Eargle (ed): Stereophonic techniques—an anthology of reprinted articles on stereophonic techniques, Audio Engineering Society (1986)
12) A.D. Blumlein, Improvements in and relating to sound-transmission, sound-recording and sound-reproducing systems, GB patent 394325 (1933)
13) 川崎弘二：武満徹の電子音楽，アルテスパブリッシング (2018)
14) Recommendation ITU-R BS.2159-4: Multichannel sound technology in home and broadcasting applications, International Telecommunication Union (2012)
15) Auro-3D: https://www.auro-3d.com/（2023年11月現在）
16) Dolby Atmos: https://www.dolby.com/jp/ja/brands/dolby-atmos.html（2023年11月現在）
17) DTS:X: https://dts.com/dtsx（2023年11月現在）
18) J. Ahrens: Analytic Methods of sound field Synthesis, Springer（2012）

19) A. Omoto, S. Ise, Y. Ikeda, K. Ueno, S. Enomoto and M. Kobayashi: Sound field reproduction and sharing system based on the boundary surface control principle, Acoust. Sci. & Tech., **36**, 1 (2015)

20) The Virtual Haydn: http://www.music.mcgill.ca/thevirtualhaydn/ (2009)（2023 年 11 月現在）

21) 山田真司，西口磯春，永岡　都，谷口高士，佐藤正之：なぜ音楽は心に響くのか？，日本音響学会誌，**62**, 9, pp.676-699 (2006)

22) 日本音響学会 編，山田真司，西口磯春 編著，永岡　都，北川純子，谷口高士，三浦雅展，佐藤正之 著：音楽はなぜ心に響くのか，コロナ社 (2011)

23) ODESSA, ACTOR Project: https://timbreandorchestration.org/odessa （2018）（2023 年 11 月現在）

24) M. Francisco, M. Kob, J. F. Rivest and C. Traube:ODESSA－Orchestral Distribution Effects in Sound, Space and Acoustics: An interdiciplinary symphonic recording for the study of orchestral sound blending, Proceedings of ISMA （2019）

索　　　引

—— 編著者・著者略歴 ——

大田　健紘（おおた　けんこう）
2003 年　同志社大学工学部知識工学科卒業
2005 年　同志社大学大学院工学研究科博士前期
　　　　課程修了（知識工学専攻）
2008 年　同志社大学大学院工学研究科博士後期
　　　　課程修了（知識工学専攻）
　　　　博士（工学）
2008 年　諏訪東京理科大学助教
2012 年　日本工業大学助教
　　　　現在に至る

加藤　充美（かとう　みつみ）
1974 年　九州芸術工科大学芸術工学部音響設計
　　　　学科卒業
1995 年　作陽短期大学教授
1997 年　くらしき作陽大学教授
2011 年　作陽音楽短期大学教授
2015 年　くらしき作陽大学名誉教授

若槻　尚斗（わかつき　なおと）
1993 年　筑波大学第三学群基礎工学類卒業
1997 年　筑波大学大学院博士課程工学研究科退
　　　　学（物理工学専攻）
1997 年　岡山大学助手
2001 年　秋田県立大学助手
2004 年　博士（工学）（筑波大学）
2004 年　秋田県立大学講師
2006 年　筑波大学講師
2008 年　筑波大学准教授
2022 年　筑波大学教授
　　　　現在に至る

西村　明（にしむら　あきら）
1990 年　九州芸術工科大学芸術工学部音響設計
　　　　学科卒業
1992 年　九州芸術工科大学大学院芸術工学研究
　　　　科修士課程修了（情報伝達専攻）
1996 年　九州芸術工科大学大学院芸術工学研究
　　　　科博士後期課程単位取得満期退学（情
　　　　報伝達専攻）
1996 年　東京情報大学助手
2001 年　東京情報大学講師
2006 年　東京情報大学助教授
2007 年　東京情報大学准教授
2011 年　博士（芸術工学）（九州大学）
2012 年　東京情報大学教授
　　　　現在に至る

安井　希子（やすい　のぞみこ）
2007 年　龍谷大学理工学部情報メディア学科卒業
2009 年　龍谷大学大学院理工学研究科修士課程修了（情報メディア学専攻）
2012 年　龍谷大学大学院理工学研究科博士後期課程修了（情報メディア学専攻）
　　　　　博士（工学）
2012 年　松江工業高等専門学校助教
2016 年　松江工業高等専門学校講師
2018 年　埼玉大学助教
2023 年　木更津工業高等専門学校助教
　　　　　現在に至る

三浦　雅展（みうら　まさのぶ）
1998 年　同志社大学工学部知識工学科卒業
2000 年　同志社大学大学院工学研究科博士前期課程修了（知識工学専攻）
2003 年　同志社大学大学院工学研究科博士後期課程修了（知識工学専攻）
　　　　　博士（工学）
2003 年　龍谷大学助手
2006 年　龍谷大学講師
2017 年　八戸工業大学准教授
2019 年　国立音楽大学准教授
　　　　　現在に至る

江村　伯夫（えむら　のりお）
2002 年　同志社大学工学部電子工学科卒業
2005 年　同志社大学大学院工学研究科博士前期課程修了（知識工学専攻）
2008 年　同志社大学大学院工学研究科博士後期課程修了（知識工学専攻）
　　　　　博士（工学）
2009 年　同志社大学研究員
2009 年　独立行政法人産業技術総合研究所特別研究員
2010 年　金沢工業大学特別研究員
2012 年　金沢工業大学講師
2018 年　金沢工業大学准教授
　　　　　現在に至る

亀川　徹（かめかわ　とおる）
1983 年　九州芸術工科大学芸術工学部音響設計学科卒業
1983 年　日本放送協会勤務
2002 年　東京藝術大学助教授
2010 年　東京藝術大学教授
　　　　　現在に至る
2016 年　博士（芸術工学）（九州大学）

物理と心理から見る音楽の音響
Musical Acoustics from Physical and Psychological Perspectives

© 一般社団法人 日本音響学会 2024

2024 年 1 月 26 日　初版第 1 刷発行

検印省略

編　者	一般社団法人 日本音響学会
発 行 者	株式会社　コ ロ ナ 社
代 表 者	牛 来 真 也
印 刷 所	新 日 本 印 刷 株 式 会 社
製 本 所	牧 製 本 印 刷 株 式 会 社

112-0011　東京都文京区千石 4-46-10
発 行 所　株式会社　コ ロ ナ 社
CORONA PUBLISHING CO., LTD.
Tokyo Japan
振替 00140-8-14844・電話 (03) 3941-3131 (代)
ホームページ　https://www.coronasha.co.jp

ISBN 978-4-339-01166-1　C3355　Printed in Japan　　　　　（田中）

音響テクノロジーシリーズ

（各巻A5判，欠番は品切です）
■日本音響学会編

以 下 続 刊

定価は本体価格+税です。
定価は変更されることがありますのでご了承下さい。

図書目録進呈◆